전주는 곧 당신 이름입니다.

여전히 그리운 당신.

자나 깨나 지랄하게 당신이 그립습니다. 그래요. 세상의 모든 꽃들과 나무와 구름과 돌과 새 울음, 그저 지나치는 바람 속에도 늘 계신 당신, 죽어도 당신, 언제 어디서나 당신, 이렇게 엽서를 보냅니다.

혹시라도 전주가 안녕한지 묻진 마세요. 전주는 오늘도 얄미울 정도로 태평하고 안녕합니다. 괜찮아요. 괜찮지 않아도 괜찮다고 저절로 달래지는 곳, 그나마 전주니까요. 그나마라고 말할 수 있는 곳. 완전한 완주完州 땅 안에 찐빵 팥소처럼 온전하게 들어앉은 전주全州.

제가 당신을 잃기 전, 전주는 이미 역사상 서너 차례 크게 요동을 쳤던 곳이지요. 견훤이 후백제를 건국하면서 도읍을 이곳으로 삼았던 때, 전라남북도와 제주도까지 관할하는 호남의 수부首府로 위용을 떨칠 때, 갑오년에 동학혁명이 일어나고 호시절 한때나마 백성 자치기구인 집강소에 의해 다스려지던 때, 그리고 한 해 5백만이 넘는 관광객들이 한옥마을을 찾아 밀물처럼

밀려들기 시작한 요즈음까지…. 그런데도 당신은 여기 없으니, 난리도 이런 난리는 세상에 더 없습니다.

유네스코가 선정한 음식창의도시, 국제슬로시티, 한국관광의 별, 미슐랭이 만점을 부여한 곳, 그리고 국제영화제가 눈을 호사스럽게 만들고 비빔밥축제나 국제발효식품 엑스포로 인해 혀가 춤추고 전주대사습놀이와 세계소리축제로 귀를 열어주는 곳. 그것도 모자라 국립무형유산원을 비롯해서 소리문화관, 소리문화전당, 부채문화관, 완판본문화관, 한지문화관 등 전통문화예술을 극진하게 섬기는 곳….

전주의 모든 이름 앞에는 당신이 있습니다. 그래서 당신은 여전히 여기 존재하는 셈입니다. 여기 이 기록들은 전주에서 제가 만났던 수많은 사람들, 풍경들, 맛난 음식들, 안락한 잠자리들, 벌어지고 일어난 사건들에게 붙인 당신의 이름이기도 합니다. 그만큼 당신을 불러본 증거가 따로 없답니다.

이제 당신이 전주에 올 차례입니다. 오시거든 도시 천지 곳곳에 붙여진 당신 이름표를 저 몰래라도 보고 가세요. 몰래 오신다 해도 괜찮으니, 나는 뭐, 그냥, 당신을 이렇게나마 불러볼 뿐.

2015년 5월
홀로 전주한옥마을을 오가며, 이병천

목차

전주, 그 멋

전주, 그 맛

전주, 그 곳

이승을 떠난 세상 모든 처녀들이 돌아오는 언덕

| 완산칠봉

결코, 당신은 이승을 떠난 사람이 아니다. 다만 저승만큼이나 늘 멀리 있을 뿐….

완산은 신라가 통일한 뒤 백제 옛 땅에 처음 설치한 행정구역이라고 한다. 완산칠봉은 전주 풍남문 밖, 전주천 건너편으로 펼쳐진 산이다. 옹기 뚝배기를 씻어 물기를 빼느라고 죽 늘어놓은 것 같은, 일곱 개 봉우리가 동서로 연봉을 이룬다. 높지도 않고 험하지도 않은 동산이라서 거기를 오르는 일은 감히 등산이라고 칭하지 않고 산책이라고들 낮추어 말한다.

당신과 나는 그 봉우리를 산책한 적이 없다. 하지만 당신이 만약 어느 꽃 피는 봄날에 전주를 찾는다면 완산칠봉에 올라야 한다. 전주 인근 어디에도, 한국의 산하 어디에도 그곳처럼 야생 산벚나무 꽃이 흐드러지게 피는 곳은 없다. 정읍 내장산이 나라 안에서 단풍으로 으뜸이라면, 완산칠봉은 나라 안에서 단연 으뜸으로 꼽을 수 있는 산벚나무 군락지다.

당신에게, 전주

엄마, 저기 저 나무들은 무서워요.

아주 어린 시절의 봄날 해질녘, 칠봉 아래 거기 안행사라는 절을 찾아갔

을 때 나는 그렇게 무서워서 떨었던 적이 있다.

일찍 죽은 나라 안의 모든 처녀들이 이맘때 되면 소복을 하고 저리 모여

든단다.

나는 질겁하고 또 진저리를 쳤다. 그 뒤로 수십 년 동안, 완산칠봉의 산 벚나무는 나에게는 모두 언제나 일찍 죽어 돌아오는 나라 안의 처녀들이 었다. 그 허황한 전설을 좀더 나이 들어서 친구들에게 조심스럽게 실토했던 적이 있다. 한 녀석은 그때 그런 전설을 자기도 들어본 적이 있다고 허황됨에 가세했고, 또 다른 녀석은 죽은 동네 처녀를 거기서 지나친 경험도 있다고 한술 더 뜨기까지 했다. 그래서 우리는 어느 봄날, 다홍치마를 둘러쓴 산벚나무 밑에 자리를 잡고 앉아 소주를 마시다가 나무 밑동에도 한 잔을 따라서 부어준 일이 있다. 나름대로는 제사를 지내준 셈이었다. 그래도 마찬가지였다. 세월이 아무리 흘러도 내 마음 속에서 그 나무들은 훨훨 살아 있는 처녀로 바뀌지는 않았다.

칠봉의 산벚꽃, 죽어서 그곳에 모여든 처녀들은 산 사람들에게 해코지를 하지는 않는다고 전해진다. 꽃으로 돌아올 수 있어서 마냥 기쁜 탓일까? 저기 저 독일 로렐라이 언덕의 그 낭자와는 차원이 다르다. 그러니 우리가 서로 화통和通할 수 있다면 더 좋을 텐데….

안행사는 칠봉의 서북쪽 끝자락에 있다. 그곳 절은 여승, 꽃 같은 비구니들만의 사찰이다. 칠봉의 동쪽 경사면은 이끼가 파란, 초록바위가 있던 자리다. 초록바위는 전라감영의 형장刑場이었다. 용맹하기로 타의 추종을 불허했다는 동학 접주 김개남 장군이 거기서 목이 잘렸고, 천주교 박해 시절에는 두 명의 소년 신도를 이곳 아래 전주천에 밀어넣어 수장을 시키기도 했다. 완산칠봉의 산벚나무 꽃들이 봄이면 환장할 만큼 화사해지는 이유가 어쩌면 그 때문인지도 모른다. 이승에서 못다 핀 꿈들이 나무의 몸을 빌려 개화하는 건지도….

봄날에는 시선을 빼앗길 곳도 많고 두리번거릴 곳도 많아 걸음이 터덕거릴 수밖에 없다. 그래봤자 완산 1봉에서 7봉까지 모든 허리를 밟고 건너오는 데는 두 시간도 다 필요치 않다. 칠봉 정상에는 팔각정, 전주 전체를 조망하기로는 이보다 좋은 곳이 더 없다. 거기 올라보면 완산칠봉은 마치 도시 가운데 떠 있는 섬처럼, 아니면 바다 가운데를 헤엄쳐 가는 긴수염 고래 같다고 느껴진다. 전주 바다, 전주에는 섬이 둥둥 떠 있다. 거대한 고래 한 마리가 이루는 산이 산다. 그리움과 원망이 쌓이고 뭉쳐져서 토석이 된 산이다.

TRAVEL NOTE

완산칠봉은 4~5월이 특히 좋다. 전주시립도서관 뒤 완산칠봉 꽃동산에 오르면 그야말로 '꽃대궐'이 펼쳐진다. 꽃동산에 오르려면 완산초등학교 근처에 주차하는 게 좋다. 산중턱의 칠성암 약수도 유명하다. 일반버스는 807, 814, 816, 817, 834, 837를 이용하면 된다. 한옥마을이나 남부시장 일대에서는 버스도 필요 없다. 바로 코앞의 산자락이기 때문이다.

당신에게, 전주

중인리의 봄은 이제 보통명사다

| 중인동 마을

중인리는 모악산을 전주 쪽에서 오르는 마지막 산 아래 마을이다. 중인동
으로 바뀐 지 오래지만 여전히 중인리로 불리는 곳이고, 중인리 더 안쪽
으로 엄연히 도계 마을이 있어도 싸잡아서 그냥 중인리다.

전주시민들이 중인리를 찾는 목적은 세 가지다. 하나는 모악을 오르내리
기 위한 것이고 또 하나는 중인리 일대의 음식단지를 찾기 위해서다. 그
리고 나머지 하나가 중인리의 봄 때문이다.

중인리 음식단지는 원래 모악에서 하산하는 산행객 때문에 자연발생적으
로 만들어진 곳이다. 시장이 반찬인 법이므로 산을 내려오는 이들에게는
무엇이나 맛날 수밖에 없다. 그래서 쉽고 빠르게 섭취가 가능한 음식들이
먼저 첫 선을 보였으리라. 도토리묵, 순두부, 막걸리, 파전, 청국장, 꽁보리
비빔밥 등…. 그러다가 돼지비계를 굽기 시작하고, 등갈비를 숯불에 올리

고, 닭을 삶고, 국내산 한우 육회비빔밥이 등장하는 건 시간문제였을 것이다. 그래서 중인리 일대는 한 집 걸러 한 집이 아니라 이제는 집집마다 특색 있는 '맛 집'으로 거의 다 바뀌었다.

중인리 초입의 덕암식당은 아무리 청국장을 꺼리는 당신일망정 한번쯤은 찾아보라고 권하고 싶다. 당신 역시 조선의 처자가 아닌가! 이 집에서는 밑반찬과 더불어 펄펄 끓는 청국장 뚝배기를 내놓는다. 그러면 한데 쌓아놓은 날계란이며 야채, 공깃밥을 손님들이 제각각 가져가서 저마다 입맛에 맞춰 쓱쓱 비벼먹으면 된다. 청국장 전문점의 명성은 그렇게 얻었다. 늘 소화가 잘 되어버려서 배가 금방 꺼지고 마는 건 내 책임이 아니다.

중인리의 봄 때문에 중인리를 찾는 사람들은 대부분 화가나 사진작가다. 거기까지 간 김에 음식점을 들르지 않을 수야 없겠지만 그들은 음식보다는 풍경을 담아오는 데 더 열중한다. 그도 그럴 것이 낡은 돌담들이 늘어서 있고 곳곳에 웅크린 채로 수만 년을 견딘 노인의 굽은 등 같은 바위들, 모악에서부터 흘러내리는 태평스런 계곡물소리, 그리고 마을 여기저기 펼쳐진 복숭아꽃과 살구꽃, 개나리, 진달래, 그리고 온갖 야생화 꽃 대궐…. 그것들을 외면할 재주가 없기 때문이다.

그곳 몇몇 식당은 아예 과수원 안에 포옥 안겨 개업하고 있다. 복숭아꽃
이나 배꽃 단지 한가운데 들어앉아 꽃 대궐의 바로 그 궁성처럼 보이는
음식점들이라고 해도 비싸지는 않고 그냥 대중적인 일반 식당에 지나지
않는다. 이곳에서는 그 정도 풍치는 돼야 기본이다.

다시 길이 끝나는 곳에 산이 있었다.

산이 끝나는 곳에 네가 있었다.

무릎과 무릎 사이에 얼굴을 묻고 울고 있었다.

미안하다.

너를 사랑해서 미안하다.

– 정호승 〈미안하다〉 일부

당신과 나는 앞에 든 것과는 다른 목적으로 이미 오래 전 중인리 저 안쪽을 찾았던 적이 있다. 그냥 가다 보니 그런 별천지가 나타났다. 꽃이 피고, 새가 울고…. 거기에 우리 사랑의 유적지가 있다. 그러니 당신은 마땅히 그곳을 다시 둘러봐야만 한다. 당신, 그때 울었으니까…. 기억하시는가?

TRAVEL NOTE

중인리의 모악산 등산로 입구는 주차장과 진입로가 매우 비좁다. 주말마다 모악산 등산객들로 몸살을 앓는 곳. 되도록 대중교통을 이용하는 게 좋다. 88, 89번 버스종점인 중인리 신금마을에서 내려 비단길을 통해 모악산을 오를 수 있다. 풍성한 야채비빔밥과 청국장을 먹을 수 있는 덕암식당(063-226-9435)은 매월 첫째 주, 셋째 주 일요일은 정기휴무다. 어디서나 볼 수 있는 청국장이지만, 어디서나 흔히 먹을 수는 없는 덕암식당의 청국장을 맛보려면 전화로 미리 예약하는 게 좋다.

금산사 가는 길은 머흘지 않아라

| 금산사길

전주시와 완주군, 그리고 김제시의 접점에 솟아 있는 모악산은 신령스런 산으로 정평이 나 있다. 기이한 일화를 남긴 진묵스님 같은 수많은 고승 대덕의 도량이기도 했고, 원불교와 증산교를 낳은 터전으로도 유명한 곳이다. 현대의 단학丹學도 그 창시자가 바로 이곳에서 큰 깨달음을 얻은 결과였다고 한다. 미륵신앙의 총본산, 그리고 후백제 견훤이 그 아들에 의해 유폐돼야 했던 비운의 역사를 품은 사찰 금산사가 위치해 있는 산이기도 하다.

모악母岳은 그야말로 어미 산, 곧 '엄뫼'가 된다. 우선 그 이름만으로도 흡인력은 충분하다. 게다가 이 산은 다른 어떤 산맥에 닿아 있는 게 아니라 평지돌출한 곳이라 전주 완주 김제 세 지역 공히 진산鎭山 이상으로 여겨왔다. 구름조차 이 산을 그냥 무시로 왕래할 수는 없어서 오다가다 주저 앉아서 눈비를 자주 뿌리는 걸로 유명하다. 풍수적으로는 우리 한반도를

이끌고 막 서해로 출항하는 돛배의 바로 그 돛으로 풀이되는 산이기도
하다.

금산사 가는 길은 모악의 오른편으로 나 있는, 산의 발등과 무릎을 밟고
가는 산길이다. 전주를 벗어나 내쳐 달리면 황소리, 독배, 귀신사 같은 무
시무시한 이름들의 마을을 거쳐 금산사에 이르게 된다. 귀신사는 양귀자
가 쓴 소설 〈한계령〉에도 묵직하게 묘사된 사찰이다. 귀신歸信, 떠돌던 마
음들이 믿음을 되찾아 돌아온다. 그래, 돌아오라 그대 또한!

귀신사나 금산사는 전주에서 멀지 않다. 승용차로 이삼십 분이면 도달할
수 있지만 행정구역상으로는 김제에 속한 곳이다. 다만 그 길만큼은 전주
사람들의 길이라고 할 수도 있을 것이다. 한적한 곳을 찾아나서는 데는,
드라이브 코스로는 더없이 낭만 가득한 길이기 때문이다. 게다가 귀신사

를 막 지나면 대나무에 지은 대통밥이며, 홍부
바지 걸쳐 입고 구워주는 삼겹살집, 스머프네 집
같은 커피숍, 장어구이, 게장백반, 전통찻집 등이
즐비해서 절로 배가 불러지는 곳이기도 하다.

길 양편에 늘어선 벚나무들은 모악의 북면北面
을 따라 살아가는 운명이라서 그 화색이 강하지
않고 파리하다. 그만큼 또 오래 피어 있기도 한
다. 햇볕 잘 드는 곳의 벚꽃들이 윤택하고 화려
해서 미인박명, 일찍 지는 반면 금산사 가는 길
의 벚꽃들은 수줍게도 희다. 그 대신 늦봄이 다
되도록 꽃을 매달고 있는 것이다. 당신은 그래
도, 박명하지 않았으면 좋겠다. 십리 절반 오리나
무, 그렇게 참요에 등장하는 오리봉나무 또한 금
산사 가는 길 좌우에는 적지 않게 분포한다. 오
리나무가 얼마나 효용 가치가 있는 것인지 나는
사실 알지 못한다. 꽃을 피우는 것도 아닐 뿐더

러 수형이 아름답지도 않거니와 교목으로 크지도 않는 바람에 목재로도 별 쓸모가 없는 나무일 것이다. 허나 오리나무에도 가장 빛나는 한 시기가 있다. 길가 벚나무가 꽃잎을 흩뿌리기 시작할 무렵, 오리나무도 천천히 벼르고 있던 새잎을 토해낸다. 그때 오리나무 잎을 한번이라도 살펴본 적이 있는가? 단연코 봄날 초록의 새잎으로는 그보다 더 고운 색깔은 없다.

당신이 직접 와서 오리봉나무 새잎을 봤으면 한다. 그리고 당신에게 나 역시 한 시절이나마 오리나무 새잎 같은 때가 있었는지를 묻고 싶어진다.

금산사 가는 길은 모악의 무릎 아랫길이라 길 양편으로는 다른 야생화들도 앞을 다투어 피어난다. 특히 진달래가 지천이어서 나는 그 꽃잎들을 염치 불구하고 따 모아 두견주를 빚기도 했다고 고백해야겠다. 임을 그리며 울다가, 피를 토하다가 환생했다는 꽃. 그 두견화가 바로 진달래다. 익어가는 두견주는 술에서도 핏빛이 돈다. 그 술을 내가 어느 저녁이면 꺼내어 홀로 홀짝거리는지, 당신은 짐작할까?

TRAVEL NOTE

매년 4월, 흐드러지게 핀 금산사의 벚꽃을 만끽할 수 있는 모악산축제가 열린다. 이 시기를
잘 맞춘다면 벚꽃과 함께 다채로운 문화행사도 즐길 수 있다. 단, 축제기간 중 30만 명 이상의
관광객이 몰리기 때문에 숙박 등은 미리 알아보는 게 좋겠다. 모악산 등산이 부담스럽다면, 금산사
매표소에서 금산사까지만 산책 삼아 걸어도 좋다. 금산사에 이르거든 후백제 견훤이 아들 신검에
의해 유폐돼서 피눈물을 흘리던 장소도 살펴보면서 역사의 무상함을 느껴보기를 권한다. 매표소와
금산사 일주문 중간지점에는 청소년야영장도 있다. 전동성당 앞 승차장에서 79번 시내버스를
타면 금산사까지 30분 정도 걸린다.

당신은 오늘 거리에서 배우로 캐스팅될 수도

| 영화의 거리

당신, 그 얼마나 영화를 좋아했던지….

전주국제영화제는 해마다 4~5월경에 열리고 있다. 주류 영화들과는 다른, 새로운 대안적 영화와 디지털 영화를 주로 소개하는 비경쟁 영화제라는 특성이 있다. 영화의 거리와 그 거리 양쪽의 극장들이 모두 행사장 무대가 된다. 영화야 극장 안으로 들어가서 감상하는 것이지만 영화제가 열리는 기간만큼은 그 일대에서 펼쳐지는 온갖 축하 행사며 이벤트, 퍼포먼스가 다 영화제를 이루고 있기 때문이다.

열흘 남짓, 영화제가 열리는 동안 영화의 거리는 몹시 들뜨고 꽤 흥분하고 조금 몸살을 앓는다. 손님맞이를 위해 음식을 굽는 고소한 냄새가 진동하는 가운데 전국에서 몰려든 관중들이 길거리에 넘쳐난다. 영화는, 자신을 그 등장인물들과 동일시 해보는 아주 강력한 힘을 가지고 있다. 오

당신에게, 전주

랜 세월을 소설문학이 그 일을 담당했지만 이제 영화를 따라갈 수는 없을 것 같다. 영화관을 나서는 순간, 당신이 방금 영화에서 대했던 주인공처럼 담배를 멋지게 꼬나무는 자세 하나만 봐도 짐작이 된다.

전주는 영화와 인연이 많은 곳이다. 지난 1950년대, 우리 한국영화 초창기에 수많은 영화들이 전주에서 촬영됐는데 당시 영화를 좋아하던 전주 유지들이 편의를 제공하면서 적극 유치했기 때문이라고 전해진다. 근래에 들어서는 말할 것도 없다. 매년 50편이 넘는 영화들이 촬영되고 있는데 〈뿌리 깊은 나무〉나 〈성균관 스캔들〉 같은 드라마를 비롯해서 〈관상〉, 〈최종병기 활〉, 〈광해, 왕이 된 남자〉, 〈타짜〉, 〈좋은 놈 나쁜 놈 이상한 놈〉, 〈전우치〉, 〈쌍화점〉, 〈우생순〉 등 숱한 영화들이 전주나 전주 인근에서 촬영된 것이다.

조봉업 전주 부시장은 말한다. 다른 지역 같으면 영화 촬영지라고 해서 대형 벽화를 그려 놓거나 주연 배우들의 초상 사진을 설치해서 홍보하는데, 전주는 오히려 그게 너무 많아서 엄두를 내지 못한다고.

영화의 거리는 전주 고사동 오거리 광장에서부터 'ㄱ'자 형태로 길게 이어진다. 당신이 좋아할 만한 간식 노점상이 곳곳에 문을 열고 있고, 영화 〈시네마 천국〉에 나올 법한 오래된 극장만 해도 10여 곳이 밀집돼 있다. 심지어 〈영화호텔〉이라고 명명된 호텔도 있다. 영화호텔 2층에는 영화 전문도서관이 개관됐는데 영화인들이 자발적으로 기부한 막대한 양의 자료가 비치된 곳이다. 필름과 DVD 등 영상자료 1만 5천여 점과 영화 관련 서적 4천 4백여 권, 전문잡지 2천여 권이 그것들이다.

전주는 영화종합촬영소와 영화제작소가 따로 준비돼 있는 동네이기도 하다. 실내 스튜디오와 야외세트장, 그리고 세트 제작실과 스테프실, 분장실을 고루 갖춘 곳이다. 전주대학교 뒤편, 혁신도시 입구에 위치해 있다.

무심코 영화의 거리를 걷고 있는 동안 당신 맞은편으로는 눈에 익은 영화배우며 스태프, 감독 등 영화 종사자들이 다가올지도 모른다. 그때는 서양인들처럼 눈을 조금 더 크게 뜨고, 밝은 미소를 지어보일 필요가 있다. 그때가 바로 길거리 캐스팅의 순간이 될 수도 있다. 할리우드에서처럼….
나중에 영화감독들을 만나면 전주에서 캐스팅을 좀 많이 하라고, 막걸리라도 푸짐하게 대접하면서 특별히 부탁을 좀 해야겠다. 그러니 자주 전주에 오시기를!
당신이 영화에는 막상 캐스팅되지 않을 수도 있다. 하지만 언젠가 우리들의 얘기가 영화로 만들어지는 날은 오고야 말 것이다. 사랑과 결별에 대한 완전한 소재들은 모두 영화가 된다. 우리들의 얘기가 바로 그러하다.

전주국제영화제는 각기 다른 영화를 다른 날짜에 상영하므로, 반드시 미리 홈페이지를 통해
상영작과 상영시간 등을 확인해야 한다. '미드나이트 인 시네마'라는 심야상영은 영화제 첫 주
금, 토, 일요일에 밤새도록 영화를 볼 수 있는 프로그램이다. 밤 12시경부터 다음날 새벽
6시에서 7시 정도까지 영화 3편을 연속 관람하는 것. 한 편의 영화가 끝날 때마다 20분, 30분
정도의 쉬는 시간이 주어지고 컵라면 같은 간단한 간식도 제공된다. 밤새 영화를 보며 즐거운
추억을 만들고 싶다면 도전해 봐도 좋겠다. 단, 인기가 많은 프로그램이기 때문에 매진되기
전에 예매를 해야 한다.

피로 씻어진 첨탑과 초석이 숭고하거니

| 전동성당

전주가 내세우는 역사 중에는 승리보다는 패배, 훈장보다는 피로 인해 얻어진 것들이 많다. 이게 바로 전주의 처연한 아름다움이다. 말하자면 미완의 혁명 같은 것 말이다. 미완의 사랑처럼, 간혹 엉뚱하게 더 낭만적으로 비치기도 하는…. 나는 죽어도 원치 않는 일이지만, 후백제가 그랬고 정여립이 꼭 그러했고 동학혁명이 그랬다.

전주는 전라감영이 있던 고을이고, 마땅히 전주에는 백성의 생사여탈권을 쥔 무시무시한 전라감사가 집무하고 있어서 죄인들을 처형하는 형장이 없을 수 없었다. 없기는커녕 많기도 했다. 부성 내의 형옥은 당연한 형장이었으며 부성 바깥으로는 남문 밖 초록바위가 그런 곳이었다. 진북동 숲정이성당 자리 역시 북문 밖 형장 터였다. 현재 전동성당이 서 있는 자리도 마찬가지다. 전동성당 자리는 특별히 백성들에게 본보기를 보일 목적으로 쓰이기도 했으리라. 풍남문에서 불과 백 걸음 안팎인데다 백성들

당신에게, 전주

이 끝없이 오가던 곳이기 때문이었다.

1791년 진산에서 체포돼 전주로 압송된 천주교인들이 있었다. 이들이 바로 한국 천주교사에 기록된 최초의 순교자들로 윤지충과 권상연이다. 그들이 처형된 곳이 전동성당 자리였다. 그리고 1801년 대규모로 자행된 신유박해 때는 유항검 일가 등 일곱 신자가 바로 이 자리에서 순교했다.

전동성당을 세운 이는 프랑스 출신의 보두네(한국명 윤사물) 신부. 최초의 순교자였던 윤지충을 마음속에 기리느라고 한국 성씨로 윤 씨를 택했는지도 모르겠다. 하여튼 그는 1908년에 성당 신축을 시작, 1914년에 이르러서야 공사를 마쳤다. 그 훨씬 이전부터 공사를 준비했지만 동학혁명으로 인해 피난을 떠나기도 했고, 공사가 한창 진행 중일 때는 모아둔 자금을 두 차례나 도난당한 일도 있었다고 한다.

우여곡절이 적지 않았고, 순교자들의 피가 뿌려진 자리에 세워지긴 했지만 전동성당은 그만큼 가치가 있는 아름다운 건축물로 정평이 나 있다. 성당 설계도는 명동성당 공사를 맡았던 프와넬 신부의 작품으로 알려진다. 두 성당 모두 로마네스크 양식이라는 공통점도 있다. 이 때문에 한국 천주교에서는 명동성당을 아버지의 성당으로, 이곳 전동성당을 어머니의 성당이라고 부르기도 한다.

성당 주춧돌의 일부는 전주 남문성벽의 돌들이라고 한다. 1907년 일제는 신작로를 개설한다는 이유로 전주 남문을 제외하고 나머지 성문과 성벽들을 헐어버렸다. 이때 보두네 신부는 전라감영에 부탁해서 남문성벽의 토석으로 성당 기초를 다졌다고 전해진다. 신유박해 때 처형된 유항검 일가는 풍남문에 효수됐었는데, 그때 그들의 죽음을 목격하고 또 직접 피를 받아내기도 했던 돌과 흙이었다.

훗날 유항검 일가의 묘소를 치명자산에 마련해 주고 그곳을 또 하나의 성지로 조성했던 윤사물 보두네 신부, 그는 성당이 완공된 이듬해 전주에서 세상을 떠났고 그 역시 치명자산에 묻혔다.

비단 천주교뿐만 아니라 전주는 불교와 기독교, 원불교, 증산교를 비롯한 많은 신흥종교들과 연관이 많은 지역이다. 원불교와 증산교는 아예 이 지역에서 태동한 종교들이기도 하다. 이런 인연이 있어서 해마다 전주 일대에서는 일주일간에 걸쳐 세계종교순례대회가 열리기도 한다. 만약 우리나라에서도 종교 화합의 필요성이 제기되는 날이 온다면, 그건 오직 한 곳, 바로 전주가 나서서 풀어야 할지도 모르겠다.

전주는 앞으로도 선혈을 더 뿌려야 할 곳인가? 어미의 고을, 이게 어미의 생애인가?

전동성당은 순교자들의 피가 흐르는 땅이자 배우 전도연, 박신양 주연의 영화 〈약속〉에서
두 사람의 슬픈 결혼식이 열렸던 장소이기도 하다. 한국교회 가운데 곡선미가 가장 아름다운
곳으로도 손꼽힌다. 미사 시간과 겹치면 아름다운 성당 내부 모습을 볼 수 없다.
주민들의 결혼식도 자주 열리는 곳이라 미리 미사 시간을 확인해 보고 가야 서양식 건축물의
아름다움을 한껏 즐길 수 있다.

그래, 골목길이 우릴 키웠지

| 한옥마을 골목길

동아시아권, 특히 우리 한반도 문화는 골목길이 낳은 건 아닐까 하는 생각이 들 때가 많다. 문학이나 영화에 있어서는 더욱 그러한데, 사건이나 서사의 무대로 골목길이 자주 등장하는 것만 봐도 그렇다. 이게 우리 문화의 특장이면서 동시에 이른바 세계정신으로 향하는 입장에서는 혹시 일정 부분 한계로 작용하지는 않았을까?

우리네 할머니 어머니들이 남몰래 한숨과 눈물을 뿌린 곳, 담장 너머로 까까머리와 단발머리들이 은밀하게 눈길을 주고받기도 했던 곳, 허리 구부정한 아버지가 입에서는 단내를 풍기면서도 손에 든 자반고등어 비린내를 은근히 자랑하던 곳, 밤이 깊도록 고샅에서 아이들이 숨바꼭질하던 곳, 호박 넌출이 자라던 곳, 봉숭아가 피던 곳, 가끔은 목청을 높여 싸우던 곳, 소금장수 엿장수 방물장수가 찾아들던 곳.

당신에게, 전주

요즘 젊은 세대들의 경우에는 물론 다르다. 그들의 의식 속에서는 골목길 같은 게 이미 치워졌거나 사라진지 오래고 그 대신 미국 맨하탄 대로나 프랑스의 상젤리제 거리가 아마 드넓게 깔려 있을 것이다. 하지만 원형질은 그대로다. 그래서 한옥마을을 찾아오고, 미로 같은 마을의 골목길을 순례하듯 헤맬 것이다. 그리하여 한옥마을 골목 몇 군데는 추천 코스, 아니 상품으로까지 등장했다. 물론 돈을 내고 걸어야 하는 길은 아니다.

이곳저곳 두리번거리면서 걸어볼 만한 한옥마을 골목길은 서너 군데쯤 꼽을 수 있다. 내 친구 이두엽은 골목길에 하나하나 이름을 붙이자고 한다. 그래, 이름을 지어줘도 좋을 것 같다. 두리번거리, 꼬부랑길, 해찰 골목, 거시기길, 할미 골목 등….

추천 코스 골목길 하나는 태조로 '교동한정식'과 '전주전통한지원'을 끼고 도는 길이다. 좁은 골목에 이발소가 있고 기념품 가게 등도 문을 열고 있어서 골목도 예쁠 수 있다는 탄성을 자아낸다. 또 한 곳은 리베라호텔 뒤에 있는 전통술박물관 옆길이고, 또 다른 유서 깊은 곳은 은행로에서 바로 그 은행로라는 이름의 주인공인 은행나무가 서 있는 골목길이다. 이 길을 따라가면 '한옥체험관'에 이르는데 아주 전통적인 우리네 골목길의 진수를 보여준다. 돌담이 끝나면 어느 집 대문이 나타나고 다시 또 돌담이 이어지는….

마지막 추천하고 싶은 골목길은 전주동헌 뒷길을 지나 향교에 이르는 길이다. 이 골목은 옛적 한옥마을을 일군 선비들이 오가던 길이기도 하다. 동헌 뒤편 산허리에 걸린 정자 하나가 보이는가? 그 일대가 '남안재', 전주의 삼재三齋 가운데 한 분인 고재 이병은이 후학들을 양성하던 곳이다. 그는 전주 도처에서 당신이 듣게 될 이름, 전주 마지막 선비이자 서예가였던 강암 송성용의 스승이자 장인이기도 했다.

한적하기 짝이 없는 골목들에서는 셀카봉을 들고 사진을 찍던 연인들이 시도 때도 없이 입을 맞추는 광경을 심심찮게 볼 수 있다. 괜찮다. 사진에 찍히지는 않아도 그 골목길이 대신해서 입맞춤을 다 추억할 것이다. 당신과 나도 그랬다. 나는 그때 당신이 입었던 옷차림, 두 손의 어정쩡한 위치, 조금은 상기된 채 수줍어하던 당신의 미소, 그때 불어오던 바람의 방향과 세기, 담 너머에서 새어나오던 기름 냄새까지도 다 기억한다.

한옥마을이 아니더라도 전주에는 골목길이 많고도 많다. 전형적인, 그리고 자연발생적인 취락구조를 지닌 탓이다. 영화의 거리나 루미나리에 거리에서 퍼져나간 거의 모든 골목길은 마치 소매치기처럼 당신의 시선을 훔칠 것이다. 볼 것도, 맛봐야 할 것도, 사야 할 것도, 구경하고 지나가야만 할 것도 그득하기 때문이다.

골목을 휩쓸고 다니는 바람처럼, 나는 이미 오래 전에 그 좁은 거리들을 거쳐 왔다.

'전주한옥마을' 어플을 깔면 스토리텔링 방식으로 알기 쉽게 해설해 주는 기능이 있다.
한옥마을 골목길을 무작정 걷는 것도 좋지만, 어플을 통해 이야기를 들으면서 걸으면
훨씬 재미있고 유용하다. 골목길 주변에 게스트하우스나 민박도 있다.
하룻밤 자고 일어나 사람들이 조금 덜 붐비는 이른 시간에 골목길 산책을 하면 훨씬
느긋하게 한옥마을을 즐길 수 있다.

세계 바둑계를 호령했던
중앙동거리는 혼수거리로 거듭나고

| 웨딩거리

일제 강점기에 일본인들이 모여 살면서 상권을 형성했던 지역이 이른바 본정통本町通이다. 서울은 말할 것도 없고, 청주나 나주 등 전국 많은 도시들에는 이런 이름으로 남은 지역이 많다. 대개는 지역에서 중앙동이라고 불리는 곳들이 옛적 본정통인 경우가 많다.

전주의 경우는 조금 달랐다. 일본의 상인들은 처음에는 본정통에 자리를 잡았지만 1907년 전주성 성벽이 철거되자 지금의 중앙동 일대로 옮겨 거류지를 만들고 도로를 정비했다. 그리고 그곳을 다이쇼오마치大正町라고 불렀다. 옛 서문에서 팔달로를 넘어 동문에 이르는 직선도로 일대가 바로 그곳이다.

지난 칠팔십년대까지만 해도 중앙동은 전주에서 가장 번화한 곳이었다. 보석상이 길 양쪽으로 늘어섰고, 고급 의상실이나 양화점, 고급 음식점,

역사가 오랜 다방, 화교가 운영하는 중국 식당이 밤늦게까지 불야성을 이루었다. 그 대신 골목길로 들어서면 값싼 음식점이나 주점이 많아서 젊은 이들도 늘 그 언저리를 맴돌았다. 전주사람들이라면 결코 잊지 못할 '정읍집', '후문집', '형제집' 같은 막걸리집도 다 그 골목에 있던 주막이었다. 그 길의 끝, 그러니까 팔달로에 면한 건물은 전신전화국이었는데 젊은이들이 모이는 무언의 약속 장소여서 제 이름 대신 흔히 '전다방'이라고 불리던 곳이다.

하지만 시청이 노송동으로 이주하고, 전신전화국이 문을 닫고, 산업은행이 옮겨가고, 아카데미 극장이 폐쇄되면서 중앙동은 바람 빠진 풍선처럼 급격히 쇠퇴하기 시작했다. 일제 강점기 '대정정' 이후 기껏 50년만의 쇠락이었다. 전주 어르신들이 떠나자 그 분들의 사랑방 구실을 하던 '설다방'이나 '중앙다방'도 문을 닫았고, 젊은이들이 발길을 돌리자 주막들도 차례로 짐을 싸버렸던 것이다.

산업은행 후문이 있던 자리, 그 언저리에서 우리가 보낸 세월은 감감하고 또 아득하다. 당신과 내가 차곡차곡 추억을 쌓아두었던 곳, 그곳이 어떻게 허물어지고 말았는지 이제 알겠는가? 우리는 우리 젊음을 살찌웠던 터전을 그렇게 잃었다. 당신도 나도 오래 전에 그곳을 떠났지만 그건 우리 탓이 아니었다. 그곳은 한동안 너무도 쓸쓸한 거리였다. 그런데…

당신에게, 전주

중앙동은 역시 중앙동이었다. 다방이 떠나고 막걸리집이 문을 닫은 거리에 새로운 얼굴들이 하나둘 모여들기 시작했다. 주로 혼수용품점이었다. 부티크, 또는 웨딩숍이라는 이름, 허니문을 전문으로 취급한다는 여행사들까지…. 중앙동을 뚝심으로 지킨 업소들은 그 이전부터 유명세를 탔던 보석상과 시계점이었다. 그들 덕택으로 중앙동은 웨딩거리로 탈바꿈해서 오늘날과 같은 새로운 명소가 된 것이다. 결혼을 앞둔 선남선녀들은 모두 이곳을 찾는다. 당신도 와서 본다면 이 고풍스런 거리에서 혼수를 마련하는 이들을 보며 마음이 설렐지도 모른다.

거기 '이시계점'이라는 보석상은 오랫동안 세계 바둑계를 호령했던 이창호 국수國手의 부모가 그 부모 대를 이어 운영하는 곳으로 유명해졌다. 조훈현 이창호 이세돌로 이어지게 된 한국 바둑의 황금기는 이시계점이 있어서 가능한 일이었다고 해도 과언이 아니다. 이 국수는 1977년 전국 우량아 선발대회 준우승을 했던 경력도 있다고 들었다. 올림픽 레슬링 종목에서 금메달을 따리라 한몸에 기대 받았던 그는 엉뚱하게 프로 기사로 대성공했다.

잡혔다가도 거뜬히 또 되살아나기를 거듭하는 바둑돌처럼, 아니 중앙동의 역사처럼 사랑이라는 것에도 부활이 있을까? 나는 중앙동을 지날 때면 늘 그런 상념에 사로잡힌다. 하지만 아직도 생사의 기로, 혼돈의 패싸움에서 헤매고 있을 뿐이다.

TRAVEL NOTE

웨딩거리 주얼리딘 옆에 슈크림빵으로 유명한 '동영커피(063-232-4180)'가 있다. 슈크림빵 한 개에 3,000원. 음료와 함께 구입할 수 있다. 빵만 팔지는 않는다. 그날 만들어 그날 다 팔기 때문에, 조금 늦으면 맛볼 수 없다. 미리 전화를 해보고 가는 게 낫다. 유기농 벌집이 올라간 홍차 아이스크림도 요즘 인기다. 성미당에서 식사 후 동영커피에서 디저트를 먹는 코스면 최고다. 신시가지에 동영커피 분점(063-237-4180)이 있다.

엄마야 누나야 강변 살자, 하신다면

| 중바우마을

맑은 가람 한 구비 마을을 안아 흐르나니 (淸江一曲抱村流)

긴 여름 강촌에 일마다 유심하도다 (長夏江村事事幽)

절로 가며 절로 오나니 집 위 제비요 (自去自來堂上燕)

서로 친하며 서로 가깝나니 물 가운데 갈매기로다 (相親相近水中鷗)

늙은 계집이 종이에 그려 장기판을 만들거늘 (老妻畫紙爲碁局)

어린 아들은 바늘 구부려 고기 낚을 낚시를 만들도다 (稚子敲針作釣鉤)

– 두보 〈강촌〉 일부

소월 시만큼, 당신은 두보의 시를 좋아한다. 나도 그렇다.

소월의 시는 금모래와 갈대뿐이니 두보 시 중에 강촌江村, 그 풍경을 그려

볼 수 있겠는가? 강이 마을을 활시위처럼 휘어돈다. 긴 여름 이 강촌에서

벌어지는 일들이 모두 그윽하다고 했다. 제비는 저 스스로 처마 밑을 드나들고 갈매기는 서로 친하게 어울려 난다.

전주에 이런 마을이 있다. 전주천 상류, 각시바위 아래 승암마을, 중바우 마을이 그곳이다. 물론 어린 아들이 바늘을 두드려 낚시 바늘을 만든다 거나 늙은 아내가 종이를 꺼내놓고 장기판을 그리지는 않는다. 하지만 나머지 풍경은 똑같다. 처음 두보를 배울 때부터 그리 믿은 장소였다. 두보가 혹시 중바우에 와서 시를 썼던가?

중바우마을은 승암사가 위치해 있는 마을이다. 뒤로는 승암산 자락에 기대어 있고 좌우로는 승암사를 중심으로 갈매기가 둥지를 틀듯 삼사십 호정도 되는 집들이 병풍처럼 죽 늘어서 있다. 마을 앞으로는 전주천이 휘돌아나가는데 마을 저 아래, 그러니까 한벽루 밑으로 보를 막아놓았기 때문에 마을 앞쪽은 물이 깊고 수량도 풍부하다. 그렇게 해서 중바우마을이 강촌이 된 것이다. 전주에 사는 안도현 시인은 일부러 이곳을 찾아 걷거나 승용차를 끌고 자주 지나다니기도 하면서 중바우야말로 전주에서 가장 예쁜 곳이라고 입에 올리곤 한다. 그는 한때 이곳 한 귀퉁이에 집필실을 장만하기 위해 발품을 판 적도 있다. 당신을 다시 만나면 바로 여기서 천년만년 살고지고! 당신은 늙은 뒤, 장기판을 그리지 않아도 좋다.

마을 앞을 지나는 길은 그 이름도 청량하게 '바람 쐬는 길'로 명명이 되었다. 마을 한가운데 위치하고 있는 승암사는 서기 876년 도선 국사가 창건했다고 한다. 임진왜란 때 폐허가 되고 훗날 중창해서 오늘에 이르고 있다. 전북 각 지역에 숱한 이적을 남긴 진묵대사도 한때 이곳에서 수행했다고 한다. 스님은 완주 봉서사에서 수행할 무렵, 멀리 합천 해인사 장경각에 불이 난 걸 신통력으로 감지하고는 상추에 물을 적신 뒤 해인사까지 그걸 뿌려 불을 껐다는 일화를 남기기도 했다.

TRAVEL NOTE

2015년 4월부터 한옥마을 내부로 모든 차량이 진입할 수 없게 됐다. 입구 주차장에 차를 주차하고
걸어 들어가야 한다. 중바우마을 입구에도 치명자산 임시 주차장이 만들어져서 그곳을 이용하면
이 일대를 덤으로 둘러볼 수 있다. 중바우마을에서 한옥마을까지는 걸어서 5분 이내 거리에 서로
맞닿아 있다. 중바위 전망대에서 바라보는 전주 시내 전경이 특히 좋다. 승암산에는 역사탐방길,
자연생태탐방길 등 다양한 등산로와 산책길이 있다. 특히 천주교 성지 가까운 곳에 자연생태탐방길의
편백나무 숲이 좋다. 피톤치드가 뿜어져 나오는 편백나무 숲은 몸속의 묵은 먼지까지 말끔히 씻어줄
만큼 상쾌하다.

중바우마을이 의지하고 있는 승암산은 치명자산, 혹은 루갈다산으로도 불린다. 치명자致命者는 순교자라는 뜻이다. 천주교 역사에서 손꼽힐 만한 순교자들의 역사가 이 산에 잠들어 있다. 산 남쪽 끝에 우뚝 선, 멀리서도 잘 보이는 바위가 좌선하는 스님 형상을 닮았다고 해서 '중 바위', 한자로는 승암산이었던 이곳은 순교자 덕에 더 많은 이름을 얻었다.

정상은 해발 306미터, 올라가는 길은 온통 꽃길로 조성된 지 오래라서 참으로 고즈넉하고도 정겹다. 정상에서 바라보는 강촌이 더 푸근할 것임은 더 할 얘기도 아니다.

그 연꽃은 무릇 장엄하고 화엄하다

| 덕진연못

덕진연못은 인공으로 팠다. 전주부민들은 이곳에 삽질을 하면서도 어찌나 가상하고 기특하게 여겼는지, 덕 있는 나루라고 명명했다. 덕진구의 덕진은 그런 뜻이다.

전주의 기운은 밖으로 새어나가기 용이한 풍수를 지녔다고 한다. 그래서 동서남북 사방에 동고사, 서고사, 남고사, 북고사 등의 사찰을 지어 전주의 기운을 보호하고자 했다. 한자 고固는 단단하게 굳힌다, 방비한다는 의미다. 동고산성 남고산성 등의 이름도 다 그런 뜻을 품고 있다. 헌데 북쪽에 세운 북고사만으로는 허전할 수밖에 없었다. 북고사현재의 진북사가 시내에서 너무 가까운 데다가 그 북쪽으로는 툭 트인 지형이라서 새나가는 기운을 막을 도리가 없다고 본 것이다. 그래서 땅을 인공으로 파고 기운이 거기 고이도록 만든 게 바로 덕진연못이다.

조선왕조를 개창한 태조 이성계의 본향, 바로 그 지역이었기에 이런 조바심도 가능했으리라. 그런데 못을 파고 거기 연꽃을 심자마자 온 전주부민들이 가장 아끼고 사랑하는 장소로 바뀌었다. 마치 중국 숱한 인민들의 뼈와 살로 축조된 만리장성이 그러하듯이…. 문화유적이란 실상이 그런 것이지 않던가?

7월은 연꽃이 피는 계절. 엊그제 전주 덕진연못에 가서 연꽃을 보고 왔다.
해마다 7월 중순이면 마음먹고 덕진에 가서 한나절 연못가를 어정거리면서
연꽃과 놀다 오는 것이 내게는 연중행사처럼 되었다.

— 법정 〈새들이 떠나간 숲은 적막하다〉 일부

법정스님은 나라 안에 최고의 연꽃은 단연코 덕진의 연꽃이라는 말을 자주 했다고 한다. 그도 그럴 것이 연못 부지는 드넓고 저수지 바닥은 따뜻하고 기름지다. 연꽃이 어찌 탐스럽지 않고 윤택하지 않을 수 있으랴. 덕진의 연꽃은 장엄하고 화엄하다.

특히 이 연못을 가로지르는 낮은 부운교浮雲橋를 건너가면서 아래를 내려다보면 마치 천상의 어느 꽃밭을 거니는 듯하다. 대바늘처럼 가늘고 긴 가지 하나가 함지박만한 꽃을 받든 모습 때문에도 연꽃은 그렇게 늘 비현실적이다. 인당수에 떠오른 심청이처럼, 연꽃을 헤쳐 열어보면 거기 당신이 다소곳이 앉아 있을 것도 같은….

그런데 나는 저 연꽃 앞에 설 때면 당신이 읊조리던 중국 송나라 어느 문장가의 글귀를 떠올리는 버릇이 틀림없이 있다.

그 향기는 멀리 갈수록 더욱 맑고 (香遠益淸)
높이 우뚝 솟아 깨끗하게 서 있으니 (亭亭淨植)
멀리 바라볼 수는 있으나 가까이 희롱할 수 없도다. (可遠觀而不可褻翫焉)

– 주돈이 〈애련설愛蓮說〉 일부

연꽃이 무리 지어 있는 곳을 피해 못가로는 창포가 지천으로 피어난다. 그래서 삼사십년 전만 해도 단오 때면 물맞이를 하는 풍습이 여기 있었다. 물이 흘러가는 저 아래로 수백 수천의 아낙들이 모여 앉아서 머리를 감고 몸을 씻던 정경은 물론 지금은 사라지고 없다.

사라진다?

함지박만큼 커졌다가 순식간에 사라진 연꽃, 바로 당신이다.

TRAVEL NOTE

3만 평에 이르는 덕진연못의 연꽃은 전주 8경 가운데 하나! 연못이 연꽃으로 뒤덮인 모습을 보려면 7~8월 무더울 때 가야 한다. 공원 입장은 무료다. 연못을 한 바퀴 둘러보는 데는 느릿느릿 걸어서 한 시간 남짓 소요된다. 차량도 다니지 않는 곳이라 여간 고즈넉하지 않다. 전북대학교 캠퍼스에 면해 있는 곳이라서 인근에는 음식점과 찻집 등도 많아서 강력 추천! 겨울철 11월부터 3월까지만 빼고는 연못에서 음악분수도 운영한다. 연꽃이 가득한 공원에서 산책을 하거나 음악분수쇼를 보는 것만으로도 낭만이 넘친다.

경기전의 고목들에게 별정직 1급을 제수하라
| 경기전과 전주사고

경기전은 선물이다. 전주를 상징하는 최고의 문화유적은 역시 경기전이다. 그곳이 있어 전주가 전주답게 만들어졌다. 한강 이남으로는 유일한 궁궐식 건축물이기도 하다.

태조 어진을 보관하는 장소는 원래 어용전御容殿이라는 이름으로 완산·계림·평양 등 세 곳에 있었다고 한다. 그 소재지마다 이름을 달리하여 전주는 경기전, 경주 집경전, 평양 영종전이라 했다. 다른 곳은 다 사라졌지만 전주만 홀로 남았다. 태조 영정 역시 경기전의 것만 남아서 오늘에 전해진다.

고궁古宮의 묵은 지붕 너머로 새파란 하늘이 씻은 듯이 시리다.

우선 무엇보다도 그곳에는 나무들이 울창하게 밀밀하였으며

대낮에도 하늘이 안 보일 만큼 가지가 우거져 있었다.

그 나무들이 뿜어내는 젖은 숲 냄새와 이름 모를 새들의 울음소리며

지천으로 피어 있는 시계꽃의 하얀 모가지,

우리는 그 경기전이 얼마나 넓은 곳인지를 짐작조차도 할 수 없었다.

- 최명희 〈만종〉 부분

경기전은 전주사람들에게는 고마운 장소다. 전주의 정체성을 으뜸으로 상
징하고 있으며, 시내 한복판에 자리하는 넓고도 멋진 휴식처가 돼주기
때문이다. 최명희가 단편소설에서 썼던 것처럼 무엇보다 울창한 나무들이
일품이다. 느티나무를 비롯한 팽나무, 회화나무, 배롱나무들이 우뚝 솟아
있어서 여름날이면 제 진가를 발휘한다. 고목들이 높고 울울해서 그 아
래 나무 그늘을 흔들고 가는 하늬바람의 길은 시냇물처럼 청량하다. 여름
날 임금의 행차 때면 커다란 일산을 받쳐 주는 것처럼 경기전의 나무들

은 그렇게 서 있다. 속리산의 정일품소나무처럼, 이곳 나무들에게도 정이품 정도는 하사해야 한다. 아니면 별정직 1급? 뒤뜰의 대나무 숲도, 수백년을 살아 등이 굽은 채로 지면에 몸을 누인 매화나무에게도.

사실 경기전에는 태조 영정만 보존돼 있는 건 아니다. 세종임금과 영조, 정조, 철종, 고종, 순종 등 조선을 대표하는 임금들의 어진이 함께 전시된다. 세종임금 어진은 진본이 전해지지 않아서 김기창 화백이 추정해서 그린 것이라고 하는데 지난 1973년 국가 표준 영정으로 공인되었다. 일만원권 지폐에도 등장하는 바로 그 영정이다.

영정의 가치도 그렇고, 경기전이라는 조선 궁궐식 정원의 가치도 빼놓을 수 없지만 경기전에서 결코 놓칠 수 없는 장소는 전주사고全州史庫다. 바로 이곳이 있었기에 우리는 오늘날 세계기록문화유산으로 지정된 조선왕조실록을 보유할 수 있게 됐다. 원래 왕조실록은 전국 네 곳으로 분산 보관해 왔다고 한다. 그런데 임진왜란의 병화에 모두 불타고 전주사고 한 곳의 실록만 유일하게, 고맙고 감사하게도 지켜진 것이다.

손홍록과 안의, 이들이 그 일을 해낸 영웅들이다. 정읍 태인의 선비였던 두 사람은 왜군이 금산에 침입했다는 소문을 듣고 곧바로 전주로 달려왔다. 그리고는 태조부터 명종까지 13대에 걸친 실록 804권과 태조 영정을

당신에게, 전주

당신에게, 전주

내장산으로 황급히 옮긴 뒤 무사들로 하여금 번갈아가며 지키게 하고 훗날 조정에 무사히 인계했다.

전주사람들은 지키기도 참 잘한다. 호남이 없었다면 나라도 없었다. 임진왜란이 끝난 뒤, 서애 유성룡은 이순신의 말을 인용해서 징비록에 그렇게 썼다. 약무호남 시무국가. (若無湖南 是無國家 만약 호남이 없었다면 곧바로 나라가 없어졌을 것이다.)

나는 당신과의 기억들을 지금도 전주스럽게 지키고 있다. 당신이 없다면, 나도 없다.

TRAVEL NOTE

경기전은 한옥마을 안에 있다. 입장료는 성인 1,000원. 이른 아침에는 홍살문 주변으로 산책할 수 있도록 무료 개방한다. 한옥마을에서 1박을 했다면, 이른 아침에 경기전 안과 경기전 밖 담벼락을 따라 걸으며 산책하면 좋다. 그야말로 슬로우 시티 체험. 경기전을 좀더 깊이 있게 감상하려면 11시, 2시, 4시에 문화재 해설사와 함께 하는 투어에 참가해 보자. 오전 10시와 오후 3시에는 영어 투어도 진행된다. 외국인 친구가 있다면 추천.

먹고 마시고 걸어서 가기에 너무 먼 예술의 길

| 동문예술인거리

동문거리는 옛 전주 동문이 서 있던 거리다. 한옥마을의 북쪽 경계 지역을 이루는 도로이기도 하다.

그 무성함이 여름의 특징이라고 한다면, 나는 전주스런 무성함이 동문으로부터 오리라고 믿는다. 오방색伍方色으로 볼 때, 여름이 동문으로 온다는 말에 당신은 얼핏 수긍하기 힘들 것 같다. 동문으로는 마땅히 봄이 오고 남문으로 여름이 올 것이기 때문이다. 하지만 당신도 곧 이해하리라.

이곳 사거리 하나만큼의 거리는 서점거리로 명성을 날렸다. 지금도 명실공히 전주를 대표하고 있는 홍지서림을 중심으로 그 좌우로는 헌책방들이 즐비했다. 들어서면 케케묵은 냄새와 커다란 돋보기를 쓴 영감님의 미소로 추억되는 곳, 하지만 지금은 그런 헌책방도 대부분 사라지고 두세 군데만 명맥을 유지하고 있는 실정이다.

그 거리 위쪽, 그러니까 동쪽은 가난한 예술가들의 거리였다. 오랜 세월 동안 개발되지 못하고 방치된 바람에 전세든 사글세든 비싸지 않아서 젊은 화가들이 몰려들었던 탓이다. 그들이 그 음습한 화실에서 탄생시킨 작품들은 다 어디로 갔을까? 동문거리는 배고픈 연극인들의 거리로 유명하기도 했다. 전주 연극인들은 그런 곤궁한 처지에도 불구하고 나라 안에서 엄지를 치켜들 수 있을 만큼 전북 연극계를 발전시켜 왔다. 물개 박수 짝짝짝!

자, 가난한 예술인들이 모였으니 이제 무슨 일이 벌어질 것인가? 말할 것도 없이 싸고 맛있는 음식이 모일 수밖에! 오늘날의 동문 예술거리는 그렇게 이루어졌다. 곳곳에 자리를 튼 가게들에서는 막걸리, 선술, 콩나물해장국, 전주 스스로 이름 붙였다는 물갈비, 족발, 닭죽, 돼지꼬치구이, 양꼬치구이, 가맥, 국수, 빈대떡, 호떡 등등 그야말로 없는 게 없을 지경이 됐다. 때마침 전주시에서도 동문거리를 예술인거리로 지정하여 길을 정비하고 건물을 단장하고 상징물을 세우고 벽화를 그리기도 하는 등 지원을 아끼지 않았다. 그래서 이제 곧 동문을 통해 무성한 여름이 올 거라는 장담을 했다. 아니, 벌써 와 있다고 할 수 있다.

'왱이집'이라는 콩나물국밥집에서부터 저 동쪽 끝 '자매갈비'까지는 기껏해야 사오백 미터, 좌우에 늘어선 간판들만 읽으면서 가도 당신 배는 불러올지 모르겠다. 거기 대부분의 2층은 카페 술집인데, 거나해진 당신이 노래 한두 곡쯤은 그냥 부를 수도 있는 곳들이다.

실버들을 천만사 늘여놓고도 가는 봄을 잡지도 못한단 말인가.
이 내 몸이 아무리 아쉽다기로 돌아서는 임이야 어이 잡으랴.
한갓되이 실버들 바람에 늙고 이 내 몸은 시름에 혼자 여위네.
가을바람에 풀벌레 슬피 울 때에 외로운 맘에 그대도 잠 못 이루리.

- 김소월 〈실버들〉 희자매 노래

당신, 지금도 노래를 좋아하는지? 걸핏하면 노래를 불러달라고 억지 부리던 당신이었다. 나는 당신이 청하던, 좋아하던, 그리고 내가 불러주었던 노래들을 하나도 빠짐없이 다 기억한다. 사랑이 가면 갈수록, 노래는 진득하게 남는다. 내가 깨달은 게 그거다.

그래, 전주는 유난스럽게도 노래에 너그러운 동네다. 아직도 밤 깊은 술집에서는 노랫소리가 퍼져 나오고, 길을 지나는 이들은 낯을 찡그리는 대신 흘낏 안을 들여다보면서 미소를 지은 다음 슬그머니 돌아선다. 나는 그저 속으로, 혼자 노래를 부를 뿐이지만…

TRAVEL NOTE

동문예술인거리에서는 매년 7080 복고를 주제로 한 거리공연, 퍼레이드, 각종 이벤트 등 축제가 펼쳐진다. 전주시민놀이터의 갤러리에서도 의미 있는 기획전시가 자주 개최된다. 특히 지난 2014년 8월에는 토요 물벼락 축제가 열려, 많은 젊은이들의 한판 놀이터 역할을 톡톡히 했다. 동문예술인거리는 문화와 예술과 젊음이 어우러지는 특별한 공간으로 거듭나고 있는 중이다.

향교 은행나무 단풍은 괴테를 닮았다 하더라

| 전주향교

은행나무 생애에 있어서 절정은, 〈은행나무 침대〉는 어떤지 몰라도, 역시 단풍이리라. 그리고 그 단풍의 단연 으뜸은 전주향교를 지키고 있는 은행나무다. 전주향교는 일본 여성 한류 팬들이 꼽는, 2015년의 조사 결과, 가장 가보고 싶은 한국 드라마 촬영지라고 한다. 〈성균관 스캔들〉 때문인데, 〈겨울 연가〉 촬영지를 앞선다.

은행나무라고 해서 물론 전주향교의 은행나무만을 고집할 수는 없다. 은행나무 단풍을 제대로 만끽하고 싶다면 어느 곳이든 가까운 서원이나 향교를 찾으면 된다. 왜 이런 향교에는 은행나무가 많을까? 공자가 노나라에 머물 당시 제자들을 가르치던 곳이 선성묘先聖廟 행단杏壇이었다. 선성이란 말은 공자를 일컫는 표현이니까 아마 후대에 그런 이름을 붙였을 것이다. 어쨌거나 질그릇 조각과 벽돌로 빙 둘러가면서 단을 쌓고 주위에 은행나무를 심은 곳이 행단이었다. 한자로는 똑같은 행杏이어서 은행나무가 아니라 살구나무라고 주장하는 이들도 있지만, 우리나라에서는 은행나무로 풀고 향교마다 은행나무를 심었던 것이다.

괴테가 살던 시대에는 독일에 은행나무가 없었다.

대문호이자 식물분류학자이기도 했던 괴테는 동양서적을 탐독하던 중에

은행나무를 발견했다.

그가 마리아네와의 연애에 빠져 있을 때였다.

괴테는 그녀에게 보내는 편지에 은행나무 이파리를 그려 넣었다.

"은행나무 이파리 끝은 비록 갈라져 있지만 한 장이듯이 당신과 나 역시

둘이면서 하나지요."

이 러브레터로 60대 노년의 괴테는 젊고 아름다운 마리아네를 연인으로 얻었다.

– 안도현 〈은행나무〉 일부

점잖기 그지없을 공자 얘기를 하다가 느닷없이 망령든 노인네 같은 괴테
로 화제를 바꾼 건 전주향교 은행나무가 영락없이 괴테를 닮았다는 느낌
때문이다. 나무들 나이를 인간 수명의 열 배쯤으로 상정한다면, 향교 은
행나무나 60대 괴테나 크게 다르지 않은 동년배였다. 그리고 인간의 얼굴
에 핀 검버섯처럼 군데군데 괴사를 하면서도 샛노랗게 물드는 전주향교

은행나무를 보고 있노라면 젊은 여성을 향해 잔뜩 몸이 달아올랐을 괴테가 자꾸 연상되는 것이다. 미안하다, 은행나무여.

전주향교의 은행나무는 오래된 도시, 고도古都의 아름다움을 곧이곧대로 상징한다. 이리 기울고 저리 굽은 노거수, 그러면서도 온통 황홀한 잎들을 매달고 있는 은행나무는 바로 전주 자신을 되비추는 거울이라고 할 만하다. 반듯하게 쭉 곧게 뻗어 있는 은행나무는 전주나 경주, 나주, 청주의 나무는 아니다. 일산이나 분당, 동탄의 나무다.

은행나무가 물드는 때가 아니더라도 향교는 늘 찾고 싶어지는 공간이다. 이보다 더 고즈넉한 장소는 세상에 많지 않다. 봄이면 늙은 나무가 앙증맞게도 연초록 새잎을 내민다. 그걸 보면서 감동하지 않는 사람은 영원히 회춘하지 못할지도 모른다. 여름 장맛비가 내릴 때쯤 처마 아래에 서면 낙숫물소리는 옛적 선비들이 글 읽던 소리로 바뀌어 들린다. 눈 쌓인 향교 뜨락은 또 얼마나 장중하고 깊고 그윽하던가!

하지만 나는 역시 가을 향교를 제일 좋아한다. 당신을 그리는 순간마다, 나조차, 괴테의 마음을 닮아가기 때문이다.

TRAVEL NOTE

전주향교(063-288-4548) 대성전 앞에서는 매주 토요일 1시부터 6시까지 전통혼례 체험을 할
수 있다. 참가비는 무료. 이밖에도 어린이 예절학교나 다도체험 등도 있으니, 미리 홈페이지에서
체험 프로그램을 확인하자. 전주향교 정문 앞에는 완판본문화관과 전통문화관 등이 있으며 향교
뒤편으로 펼쳐진 마을이 자만벽화마을이다. 전통문화관에서 열리는 공연이 있다면 관람 후
자만벽화마을로 이동하면 된다.

애고 관우장군님, 천년만년 전주를 살펴주시어
| 산성길과 관성묘

당신, 남고산 산성길을 아는지 모르겠다. 많은 이들이 찾는 곳은 아니다. 하지만 나는 그곳을 다녀온 뒤부터 혼자 사랑하게 됐다. 전주에 이런 길이 숨어 있었다니….

전주시내 또 하나의 벽화마을인 산성마을을 지나면서부터 길은 시작된다. 오른쪽 건너편으로는 성벽을 흉내낸 돌담들이 보인다. 산성길임을 홍보하느라고 최근에 꾸민 것이다. 그리고 왼쪽으로 사당 하나가 보일 것이다. 바로 충경사다. 충경사는 임진왜란 때 64세의 나이로 의병을 일으켜 전주성을 지켰던 충경공忠景公 이정난을 기리는 사당이다. 전주 중심가를 동서로 관통하는 도로는 재미삼아서 흔히 관통로로 불리지만 사실은 그의 시호를 딴 충경로다.

입구 주차장을 지나면 이제부터는 갑자기 호젓한 산길이 나타난다. 오른

쪽으로는 계곡물이 흐르고, 좌우로 늘어선 산이 제법 높고 숲 또한 짙어서 아마 새들이 먼저 긴 울음으로 반길 것이다. 알을 낳아 부화시키는 때가 벌써 지나서 새들의 울음도 가을 숲에서는 다급하지 않게 들린다. 애들도 이미 장성해서 다 분가했기 때문이리라.

한옥마을에서 불과 1킬로미터 남짓, 남고산 숲 안쪽은 이렇듯 고요하고 한가롭다. 숲이 좋으니 물이 좋고 공기가 또한 좋지 않을 리 없다. 그걸 증명하는 작은 사찰 하나가 입구에서 멀지 않은 곳에 세워져 있다. 삼경사三景寺, 말 그대로 물과 공기와 숲 세 가지가 아름다운 곳에 세워진 절이라는 뜻이다.

견훤산성으로 불리기도 하는 남고산성은 천경대와 만경대, 억경대 등의 산봉우리를 이어 쌓았다. 만경대는 오목대에서 술에 취한 이성계가 대풍가를 부르자 정몽주가 홀로 자리를 피해 우국의 시를 읊었다던 바로 그곳이다. 삼경사 경내에서도 빤히 올려다보인다.

조선 순조 때 산성을 보수했다는데 기록에 의하면 연못 4개와 25개의 우물, 민가 백여 채가 거주했다고 전해진다. 성문은 골짜기가 펼쳐진 방향을 따라 동쪽과 서쪽에 각각 한 채씩 누각을 세워 만들었다고 한다. 가히 볼만한 풍경이었을 게 틀림없다. 지금도 성벽이나 성문 자리는 남아 있고 연

당신에게, 전주

못 터도 확연하다. 억새가 우북하게 자란 곳, 보나마나 그곳이다.

발걸음을 재촉하기도 전, 거기 산허리에 관성묘가 보인다. 관성關聖은 삼국지의 바로 그 관우, 이곳이 그를 모시는 사당이다. 입구에는 하마비下馬碑까지 서 있다.

임진왜란이 일어나기 전, 선조의 꿈에 관우가 나타나 말했다고 한다. 선조는 전생에 장비였고 명나라 신종은 유비라고…. 이제 곧 조선에 큰 전쟁이 발발할 텐데 그때는 자신이 나서서 도울 테니까 신종 황제에게도 군사를 요청하라고. 그래서 관성묘는 전쟁이 끝난 후 전국 여러 곳에 우후죽순처럼 들어섰다. 그런데 전주 관성묘는 1895년, 임란이 끝난 지 삼백년이 지난 뒤에야 세워진 사당이다. 왜 그랬던 걸까? 그건 명성황후에게서 이유를 찾아야 할 것 같다. 잘 알려진 대로 명성황후는 관우신앙을 비롯한 미신을 아주 깊이 신봉한 사람이었다. 그러니 혹시, 국모의 환심을 사려고 세운 건 아니었을까 하고 추측해 볼 수 있다. 하지만 명성황후는 전주 관성묘가 세워진 그해 8월 시해되고 만다.

관성묘 외삼문에는 사찰 입구의 사천왕상 같은 무신상이 세워져 있다. 어떤 모습일지 궁금하지 않은가? 다름 아닌 관우의 적토마를 끌고 가는 무사상이다. 안에 들어가면 당신은 첨지籤紙 한 장을 뽑아 점을 쳐볼 수도 있다. 내 점괘는, 현실과 달리, 늘 좋다.

산성 아래 남고사는 완산팔경(전주팔경)의 하나인 '남고모종'으로 잘 알려진 곳이다. 해질녘 남고사에서 종소리가 울려퍼지는 풍경이 으뜸이라는 뜻이다. 귀를 기울이면 지금도 저녁 종소리가 들려온다. 당신 하루가 편안했는지를 묻는 문안 타종이다.

TRAVEL NOTE

남고산 산성길의 전체 길이는 5.3km다. 삼경사에서 출발해, 천경대, 북장대, 억경대, 만경대 등을 거치는 코스. 남고사는 산성길 안쪽에 있는 절이다. 중간중간 이정표를 잘 따라서 걸어야 한다. 해발 약 250m의 야트막한 산이지만 그래도 산은 산이다. 초입에는 비교적 가파른 길도 나오니 편한 트레킹화를 신는 게 좋겠다. 한옥마을 정류장에서 190번 일반버스를 타고 20여 분 가서 남고사 입구 정류장에서 내린다. 도보로 충경사까지 10분 정도. 충경사~남고사 서암문~만경대정 몽주 우국시~남고사~남고진비~억경대~관성묘까지 약 3.0km 코스가 남고산 일대를 짧게 둘러볼 수 있는 길이다. 1시간 20여 분 소요된다.

견훤의 못다 이룬 꿈으로 다시 청하는 잠

| 후백제 궁궐터

견훤의 생애는 아프다. 한 번씩 돌이켜 떠올릴 때마다 가슴이 멘다. 전주 사람들은 그래서 오랫동안 견훤과 후백제를 애써 외면해 왔을 것이다. 후 백제 수도의 궁궐이 정확하게 어딘지조차 밝히려고 들지 않았던 것 같다. 발굴 의지는 더 말할 것도 없고⋯. 후백제에 대한 관심은 아주 최근에야 시작됐다.

가련하구나. 완산 아이여 (可憐完山兒)
아비 잃고 눈물만 흘리고 있네 (失父涕連濡)

완산주 어린아이들이 오랫동안 불렀다는 동요다. 전주사람들은 이 참요 가 들려올 때마다 속이 편치 않았을 게 분명하다. 후백제 도읍을 전주로 정했으니 후백제 군사들의 주축은 아무래도 완산의 아들들이었을 테니 까 말이다.

후백제는 서기 900년부터 936년까지 만 36년 동안 존재하다가 멸망했다. 일제 36년과 같은 기간이니 결코 짧은 세월은 아니었던 셈이다. 즐겨 부르는 노래를 18번이라고 하듯, 우리나라에서는 유독 18이라는 숫자와 일이 연관될 때가 많다. 결혼 몇 년째죠? 사업을 하신 지는 얼마나 되셨어요? 하고 물으면 18년째라는 대답이 이상하리만치 많다. 후백제 역사나 일제 강점기도 18년이 두 번 이어진 기간이다. 혹시, 방년 18세도 그런가?

견훤은 후삼국의 절대 강자였다. 초나라 항우와 한나라 유방 중에 항우와 비견할 만한 위치에 있었다. 견훤이 사랑했다던 젊은 부인 대목에 이르러서는 항우의 부인 우희虞姬를 연상할 수도 있겠다. 당연히 왕건은 유방 쪽이다. 오죽했으면 일방적으로 쫓기고 매 맞고 패배만 하던 왕건이 천우신조로 패권을 잡은 뒤에는 차령이남 사람들은 등용하지 말라는 유언을 남겼을까? 혹시 모르겠다. 완산골 사람들은 그 무렵부터 멸시와 냉대를 받았던 집단적 공포로 인해 후백제를 멀리했던 것일지도….

후백제 궁성은 전주의 물왕멀과 인봉리 방죽터, 그리고 문화촌 일대에 존재했다는 주장이 요즘 힘을 얻고 있는 것 같다. 종래에는 동고산성 일대라고 했는데 설득력이 부족하다고 한다. 거칠고 험한 곳인데다 식수로 마실 물이 귀한 지형이기 때문이란다.

물왕멀은 그 이름부터 예사롭지 않다. 우물 중 으뜸인 우물, 혹은 왕이 마시던 우물이 있던 마을이라는 뜻이 되기 때문이다. 전주 토박이들도 옛적 이곳에는 아주 큰 규모의 우물이 있었다고 입을 모은다. 그뿐 아니다. 곽장근 군산대 교수에 의하면 이 일대에서 궁성 혹은 왕성으로 추정되는 성벽의 흔적을 발견했다고도 한다. 〈신증동국여지승람〉에도 궁궐 위치를 전주부 북쪽 5리라고 기록돼 있다고 하니 아무래도 그 일대가 맞는 것 같기도 하다.

잘 알지도 못하는 처지에 내가 물왕멀 도읍설을 자꾸 지지하는 듯 방정을 떠는 건 나 혼자 답답했던 때문이다. 이거 도대체, 어딘지나 알아야 그저 구경을 가든 삽 하나를 들고 가서 미력이나마 발굴을 돕든 할 것 아닌가 말이다. 다행스럽게도 전라북도와 전주시, 국립전주박물관이 모두 나서서 후백제 궁궐터를 찾고 또 발굴하기 위해 애를 쓰고 있다는 소식이 들린다. 무려 천년 세월이 넘게 흐른 뒤 이제 비로소 견훤의 고진함을, 그 우직함을 이해하고 품 안에 두고자 하는 걸까?

견훤은 죽기 전에 유언했다고 전해진다. 완산주가 보이는 곳에 묻어달라고…. 논산 연무가 그곳이다. 맑은 날이면 견훤왕릉에서는 모악산이 보인다고 한다.

TRAVEL NOTE

현재 후백제 궁궐은 관광객들이 일부러 찾아갈 만한 곳은 아니다. 궁궐터가 어디였는지도 완벽하게 규명되지 않았을 뿐만 아니라 복원된 곳이 하나도 없기 때문이다. 무너진 백제를 잇고, 신라와 고구려를 통일하는 꿈을 꾸었을 견훤의 간절함. 전주를 도읍지로 정하고 백제라 이름까지 지었으나 짧은 역사로 끝나버린 후백제의 흥망성쇠를 떠올리면 세상사 모든 게 한낱 뜬구름 같기도 하다. 굳이 그걸 느껴보고자 한다면 완산 8경의 하나인 기린토월麒麟吐月, 기린이 토해내는 달 풍경의 장소인 그 기린봉에 올라도 좋겠다. 그곳에 올라서면 발 아래에 펼쳐졌을 옛 궁궐과 뜬구름 같았던 천 년 전 부귀영화가 상상이 될 수 있을지.

두 발 네 발 온갖 짐승들아. 오늘도 안녕?

| 전주동물원

당신과 동물원에 간 건 그때가 아마 처음이었을 것이다. 삶을 대하면서 당신이 몸서리를 쳤던 날⋯. 그날 이후 당신은 세상에서 가장 사납고 길들이기 어려운 동물은 바로 그 삶이라는 말을 자주 했다.

우리가 그곳에 도착하자 사육사는 때마침 동물들에게 먹이를 주고 있었다. 다른 동물들은 그저 그랬다. 먹이를 내밀면 감지덕지하듯 두 손으로 공손히 받아 한쪽 구석으로 내달아 허겁지겁 먹어치우는 게 고작이었다. 그런데 삶은 달랐다. 두 눈을 치뜬 채 사방을 할퀴고 다니면서 포효하더니 어느 한 순간 긴 장대 끝에 달린 먹이를 표독스럽게 낚아채 갔다.

저 놈들에게 먹이를 줄 때면 나도 매번 식은땀이 흐른다오.

사육사가 고개를 절레절레 흔들었다. 삵은 곧바로 먹이를 입에 가져가지 않고 당신과 나를 노려보았다. 푸른 레이저를 발사하듯 눈을 부릅뜬 채로…. 아이들에게나 보여줄 목적으로 동물원을 찾는다는 견해를 가진 이들에게 그래서 나는 늘 그때 얘기를 들려주곤 한다. 아니다. 누구보다 내 자신의 야생성을 회복하는 데 주력해야만 할 것 같다. 동물원은 그러기에 적당한 곳이다. 물론 동물원을 찾아가는 과정의 길도 좋다. 편백나무는 오늘도 사정없이 피톤치드를 뿜어낼 것이고, 근처 전주이씨 시조 묘소인 조경단은 푸근하고 아늑하리라.

전주동물원은 지방에서는 가장 먼저 세워진 동물원으로 과천 서울대공원과 용인 에버랜드 동물원에 이어 전국에서 세 번째로 큰 규모를 자랑한다. 포유류 47종 2백여 마리를 비롯해서 파충류 조류 어류 등 전부 백여 종에 걸쳐 7천여 마리의 동물들이 살고 있다.

지난 2008년 겨울, 이곳에서는 수사자와 암컷 호랑이가 싸움을 벌인 적이 있었는데, 사자가 호랑이를 물어 죽였다. 호랑이를 더 좋아하는 당신에게는 섭섭한 소식일지도 모르지만 수사자는 별다른 상처도 입지 않았다고 한다.

사람들은 왜 개와 고양이, 앵무새만 유독 애완동물로 삼는 걸까? 뱀이나 원숭이, 사자는 말고 우리 민담이나 설화에 자주 등장하는 여우, 궁노루, 소쩍새, 수달 같은 짐승들을 길들이고 사람과 더불어 살게 하고 더 가깝게 대할 수 있는 길은 없는 걸까? 그리고 그런 일들을 동물원이 앞서서 이끌어주는 방법이 있지는 않을까? 말하자면, 동물원의 동물들이 야생성을 보여주는 것도 좋지만 그들과 우리 인간들이 함께 어울려 사는 세상을, 나는 터무니없이, 이따금 그려보기도 한다.

동물원 옆길을 지나칠 때면 동물들이 울부짖는 소리가 어김없이 들려오는데 그때마다 나는 또 걱정한다. 혹시 사자에게 물려 죽은 호랑이 부족이 우는 건 아닐까? 보름달이 뜨지도 않았는데 늑대는 왜 오늘 저렇게 긴 울음을 토해내는 걸까? 붉은부리황새는 어쩌다가 짝을 잃고 우는 걸까? 자고 일어나기만 하면 우는 저 자고새는?

울어라 울어라 새여. 자고 일어나 울어라 새여
너보다 시름 많은 나도 자고 일어나 울고 있다

— 〈청산별곡〉 일부

전주동물원은 동물들만을 위한 공간은 아니다. 청룡열차와 바이킹, 공중자전거, 대관람차, 범퍼카, 회전목마 등 놀이기구를 두루 갖추고 운영하고 있다. 내가 탄 대관람차 차량이 꼭대기 부근에 이를 때쯤이면 저 아래 가물가물한 인파 중에 당신이 섞여 있을 것만 같다. 나는 그 환시幻視에 속아 동물원을 찾은 적도 있다.

TRAVEL NOTE

전주동물원 입장료는 어른 1,300원. 파충류체험관이나 곤충체험관은 별도로 5,000원을 내야 한다. 놀이기구도 별도로 티켓을 구매해야 한다. 그래도 전주시설관리공단에서 운영하는 거라 사설 동물원에 비해 가격이 비싸지는 않다. 여름에는 물놀이 할 수 있는 수영장도 있다. 벚꽃축제 기간에는 밤 10시까지 야간개장도 하니, 벚꽃 만발한 봄날 밤에 특별한 추억을 쌓아보면 어떨까?

전주는 저들과 더불어 당신이 융성케 하리라

| 니어리스트, 쌀롱 드 미나리

북방의 아는 이가 나를 위해 슬퍼하고 걱정해 주며 말했다

(北方之人 有爲余悲而憂者曰)

호남湖南의 풍속이 아첨 잘하고 경망스러운데 그대는 그 풍속을 어찌 견디는가?

(湖南俗 薄 子何以堪之)

내가 이렇게 대답하였다. 허허, 무슨 말을 그리 터무니없이 하는가?

(余曰噫   何言之誣也)

…〈중략〉…아, 어질구나! (噫其仁矣)

…〈중략〉…이래도 여전히 교묘하게 아첨하고 경망스럽다 하겠는가? (尚可曰 薄哉)

—정약용 〈여유당전서 시문집〉 일부

우리가 사랑하는 조선 최고의 선비 가운데 한 사람이었던 다산 정약용이 직접 쓴 글의 일부다. 중략한 부분은 호남 백성들이, 특히 강진 사람들이 도대체 얼마나 어진 백성인지를 구체적인 예를 통해서 보여주는 대목이다. 한데도 조선 중기의 선비 성호 이익은 썼다고 한다. 전주는 풍속이 사나워 나그네가 잠자리를 빌릴 수도 없다고⋯. 그 말이 끈질기게 와전되고 전승돼 한때 호남에서는 외부 승용차에 주유도 안 해준다는 말이 널리 퍼지기도 했다. 거 참, 이런 낭설 때문에도 전주는 오랫동안 외부인들의 발길이 뜸하기도 했으리라.

한옥마을을 찾는 관광객들이 한 해 5백만을 넘긴 지 오래다. 공항 하나 없는, KTX도 자주 외면하고 지나가는 고을에, 유사 이래 없던 일이라고 다들 입을 모은다. 견훤이 이끌던 후백제 군사들은 10만이나 됐을까? 이성계가 데려온 군사들과 사로잡힌 왜구 포로들까지 다 합친다면 20만? 아아, 전주에서 방을 빌리기가 힘들다는 말을 또 얻어 들게 생겼다. 카드게임에서 어떤 특정한 패를 즐겨 버리던 당신들은 이 현상을 두고 기분이 어떨지, 나는 때로 기인우천杞人憂天한다. 버려졌기에 예스러움이 남았고, 낡고 묵은 곳이기에 젊은이들이 스스로 찾아온다. 이게 전주 성공의 역설이다. 그러니 부디, 전주를 더 멀리 내치기를!

니어리스트Nearest는 골프공을 쳐서 홀 옆에 가장 가깝게 붙인 사람을 일컫는 골프 용어다. 전주를 대표하는 게스트하우스 한 곳의 상호가 이렇듯 해괴하다. 그래서 연유를 캐물었다. 주인장인 임용진은 한국일보를 거쳐 중앙일보에서 기자 생활을 했는데, 언제나 그 누구보다 사건 현장 가까이에서 밀착 취재하겠다는 다짐으로 그 말을 가슴 속에 새기고 살았다고 한다. 이메일 주소의 문패 이름도 똑같이 썼다. 그러다 낙향해서는 자기 부친이 운영하던 병원을 고쳐 게스트하우스로 꾸미고 이름까지 그렇게 붙인 것이다.

16개 침대가 구비된 니어리스트에는 거의 매일 손님들이 꽉 들어찬다. 저녁 여섯시가 되면 전주와 전주 한옥마을과 전주 음식, 전주 막걸리에 대한 주인장의 흥미진진한 강의가 펼쳐진다. 이곳은 전 세계 배낭여행자들이 즐겨 찾는 곳이기도 하다. 성호 선생이시여, 니어리스트 침대 하나를 빌리려면 적어도 두어 달 전에는 예약을 마쳐야 한다네. 니어리스트 바로 옆 건물 2층에는 니어리스트 만큼이나 해괴한 이름의 와인바가 들어섰다. 살롱 드 미나리! 채소 중 하나인 그 미나리다. 김충순 화백이 운영하는 곳인데, 그는 미나리를 그렇게도 좋아한단다. 그래서 미나리는 친구들 사이에서는 김충순의 채소가 된 것인데, 그는 자신의 아호를 아예 미나리로 삼고 있기도 하다.

살롱 드 미나리는 그의 작업실인 동시에 전시장이다. 문을 열고 들어서면 그가 창조한 그림 세계가 사방 가득하다. 눈이 호사스러워 와인 맛은 정작 모를 수도 있다. 오가는 이들에게 그는 그림을 해설하고, 요리 솜씨를 뽐내며 안주를 만들어 손님들에게 내기도 한다.

김충순의 그림에서는 우울한 샹송의 색조가 늘 묻어난다. 그림 속 인물들은 오방색으로 화사해도, 나는 눈물이 나곤 한다. 당신이 와서 본다면 어떨지, 나는 오늘 모르겠다.

TRAVEL NOTE

게스트하우스 '니어리스트(063-288-4665)'는 구도심의 중심지 경원동에 있다. 운 좋으면
하루 3,000원에 하루 종일 자전거도 빌릴 수 있다. 각 침대마다 독서등과 간이테이블도
마련되어 있다. 저녁에 여행에 관한 짧은 기록을 남기기에 최고다. 젊은 외국인 여행객들도
많이 찾는다. 니어리스트의 주인장과 친구인 화가 김충순은 니어리스트의 간판을 직접
만들어줬다. 내부에는 화가 김충순의 그림도 곳곳에 걸려 있다.

전주, 그 멋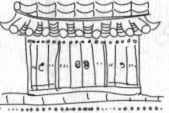

전주라는 글자에는 어미의 마음이 깃들어 있다
| 톨게이트 현판

당신이 전주에 오게 된다면 아마 십중팔구 기차를 타고 전주역에 내리거나 고속도로 톨게이트를 거치리라. 어느 쪽으로 오든 당신은 맨 먼저 그곳 한옥을 대하면서 가볍게 동요하게 된다. 살구꽃 핀 마을은 어디나 고향 같다고, 시조시인 이호우가 썼지만 기와를 얹은 지붕 하나만 해도 어디나 고향 같을 것이기 때문이다. 날렵하게 한옥으로 지은 전주역사는 말할 것도 없고, 고속도로 톨게이트를 이루는 그 게이트도 솟을대문을 형상화했다.

전주는 그런 곳이다. 하다못해 버스정류장 하나를 만들어도 지붕에는 기와를 얹어놓아야만 직성이 풀리는 걸까? 버스정류장은 아흔아홉칸 한옥에 딸린 사랑채쯤 될 것 같다. 그래서 서로 모르는 이들이 잠시라도 한자리에서 만나는 장소니까 그냥 데면데면할 게 아니라 안면을 트고, 각기 제 사는 곳의 안부를 주고받으라는 배려일지도 모른다.

버스는 왜 안 온대요? 글쎄, 산 날맹이를 넘어오다가 발통이 논두렁에 빠졌답니다. 지랄하고 자빠졌네! 뭐, 그런 식의 대화라도?

톨게이트 들고나가는 양쪽으로는 '전주'라고 쓰인 현판 하나씩이 각각 걸려 있다. 무심코 지나치면 양쪽이 다 똑같은 글씨처럼 보이겠지만 사실은 아주 다르다. 우선 타향에서 전주로 들어오는 곳의 편액 글자는 자음 'ㅈ'이 작은 반면에 모음인 'ㅓ'와 'ㅜ'가 상대적으로 아주 크다. 그 반대쪽, 그러니까 전주에서 타지로 나가는 쪽의 글씨는 그와 정반대로 돼 있다. 한번 자세히 들여다보시라.

그게 무엇을 뜻할까? 무슨 의미가 있다는 걸까?

타향 객지에서 고향을 찾아 돌아오는 전주의 자식들 눈에는 톨게이트에 이르는 순간 벌써부터 고향집이 선하게 와 닿기 마련이다. 어머니의 모습이 크게 부각되기 시작하는 것이다. 그래서 모음母音만을 자음子音에 비해서 크게 써놓았다고 한다. 출향을 하게 될 때는 다르다. 동구 밖에 서 있는 어머니의 모습은 당신이 걸음을 옮길수록 작아지고 작아지다가 끝내 소실되고 만다. 그 대신, 객지에 나가서도 아들딸들이 크게 잘되기를 바라는 어미의 바람은 다른 어느 때보다도 간절해진다. 그래서 전주 안쪽 편액의 글자는 자음이 모음보다 훨씬 크게 그려져 있다.

이런 게 바로 전주의 마음이다. 그리고 당신을 향한 내 마음이기도 하다. 내가 아니라 당신, 자신이 아닌 타인을 더욱 크게 우러르는 전주의 순정을 이제 믿으실 텐가?

대문짝보다 몇 배 더 큰 이 대형 편액의 글씨는 금세기 한글 서예를 이끌고 있는 효봉 여태명이 썼으며 대한민국 명장 김종연이 판각한 걸작이다. 김종연은 목우헌木遇軒이라는, 우연히 나무의 아름다움을 만난다는 뜻의 상호로 작업실을 열고 있는, 전주 목공예를 대표하는 인물이다. 특이하게도 그는 전통 목침木枕으로 명장 칭호를 얻었다.

효봉은 한글을 쓸 때 언제나 자획 하나하나에 뜻을 부여하고 형상을 입히는 전주사람이다. 이를테면 그는 한글 모음 'ㅒ'를 쓰면서는 남녀가 다소곳이 서로 손을 맞잡고 있는 형국을 그린다. 검게 그려진 글자 속에서 두 연인은 다소곳하고, 장래 꾸려갈 인생에 깊이 공감하면서 굳은 약속을 하고 있는 듯하다. 밀레의 그림, 만종晩鐘의 부부처럼. 그렇게 그가 쓴 사랑 '애愛', 단 한 글자 한글은 한자漢字보다도 더 형상이 그럴 듯하고 뜻까지 살아 숨쉬는, 사랑스럽고 애틋하기 짝이 없는 글자로 탄생했다.

나는 또 그린다. 보아라. 그 글씨 하나를 대하면서도 당신을 그린다.

김구 선생이 머물던 조선 말기 한옥의 예스러움

| 학인당

여기 한옥마을을 대표하는 한 채의 한옥이 있다. 백년이 넘은 한옥으로 근세 한옥의 전형을 보여주는 건물이다. 학인당! 백범 김구, 해공 신익희 같은 걸출한 인물들이 묵고 갔다는 집으로도 잘 알려진 곳이다. 성심여고 앞쪽에 위치하고 있다.

한옥의 멋스러움을 느끼고 싶다면 먼저 지붕의 선을 살펴야 한다. 하늘과 가장 가까운 지붕 끝 선을 이루는 부분을 용마루라고 부르는데, 용의 등을 표현하고 있다. 용이 사는 곳이니 화마火魔는 침범하지 말라는 뜻이다. 용마루 선은 동양 삼국이 다 다른데 중국 용마루는 심하게 휘어진다. 반달처럼 중앙 부분을 깊게 하고 양쪽 끝을 높이 솟아오르도록 만드는 방식이다. 일본은 그 반면 자로 그은 듯 직선으로 처리하는 경우가 많다. 칼을 내리쳐 반으로 짝 쪼개고 마는 사무라이 정신의 영향인지도 모른다. 우리나라는 그 중간, 버선코만큼의 조화에 용마루 특징이 있다. 약간 휘어진 부드러운 곡선, 그게 한국 기와지붕의 선이다.

학인당은 지붕 선이 아름다운 전통가옥이다. 물론 그뿐만이 아니다. 본채를 비롯해서 별채와 사랑채가 있고, 드넓은 정원도 집의 가치를 돋보이게 만드는 곳이다. 이밖에도 옛 집주인의 기개를 반영하는 듯 높이 솟은 솟을대문과 굴뚝, 연못 등이 우리 전통한옥의 아름다움을 여실하게 보여준다. 1908년, 전주 갑부로 명성이 자자했던 백낙중白樂中이 지었다. 그는 뛰어난 효자였는데 그 효행으로 인해 고종 임금으로부터 승훈랑 영릉참봉에 제수되기도 했던 인물이다. 〈민족문화백과사전〉은 학인당에 대해서 이렇게 소개하고 있다.

전라북도 민속자료 제8호. 전주시 한옥보존지역의 대표적 상류가옥으로 한말 건축기술을 전승받은 순 한식건물이다. 조선말 왕권이 붕괴하자 궁중건축양식이 민간주택에 도입된 전형적인 예이다. 당시 일류 도편수都邊首 : 목수의 우두머리와 목공 등 연인원 4,280명이 압록강, 강원도 오대산 등지의 목재를 사용하여 2년6개월 만에 백미 4,000석을 투입하여 건축하였다 한다.

학인당의 독특한 점은 고창高窓과 벽면에 유리를 써서 창을 만들었다는 사실이다. 두꺼운 유리를 구하는 데 여간 애를 먹은 게 아니라고 전해지기도 하는데 어쨌거나 이미 당시에도 유리가 건축자재로 사용된 것이다. 신

소재를 활용하려고 했던 옛 장인들의 모던한 사고가 돋보이는 대목이다. 다만 처음 집을 지을 당시에는 대지가 2천 평을 넘었다고 하는데 현재는 5백여 평으로 줄어들어 아쉬움을 자아낸다. 그 넓은 집이 고스란히 보존될 수 있었더라면 지금 우리가 지켜보면서 마음으로나마 얼마나 풍족할까?

일설에 의하면 학인당에서는 국악과 판소리를 지속적으로 공연함으로써 오늘날 전주대사습놀이가 보존되는 데 중요한 역할을 해냈다고 한다. 일제는 대사습놀이와 같은 민족 연희를 노골적으로 꺼렸는데 백낙중이 많은 명창과 명인들을 집 안으로 초청해서 머무르도록 하는 한편 일제의 반발을 무마시키면서 국악인들의 연주 활동을 은근히 장려했던 것이다. 국악을 아끼고 사랑하는 학인당의 정신은 오늘날에도 이어지고 있다. 넓은 대청에서 펼쳐지는 판소리와 각종 관악기, 현악기 연주 등으로 이 집 주변은 늘 흥겹다.

학인당은 다른 유명 한옥들처럼 숙박체험을 할 수 있는 곳으로 바뀌어 누구나 옛 대갓집에서 잠시나마 호사를 부려볼 수 있는 장소가 됐다. 이리 오너라, 여쭈어라 하고 외치면 하인이 짚신발로 바삐 달려 나올 것 같은 집! 당신에게도 그걸 누릴 자격이 있다.

TRAVEL NOTE

학인당(063-284-9929)에서 1박을 하려면 최소한 한 달 전에 예약해야 한다. 혹시 예약을
못했더라도 전화는 한번 걸어보자. 운 좋게 누군가 예약을 취소하여 용케 방을 얻을 수 있을지도
모르니. 단, 당일예약은 안 된다. 예약은 전화로만 가능하다. 학인당의 방 안에서는 술을 마실 수
없다. 금주, 금연이다. 정갈하고 소박한 아침식사가 무료로 제공된다. 호젓한 고택에서 바람 따라
울리는 풍경소리를 듣는 멋. 학인당이 선사해 주는 값진 선물이다.

아구똥한 전주사투리는 아리까리하기도 할 테지만

| 전주사투리

점드락 여까장 외기느라 나수 굴풋허셨을 턴디, 겅거니가 이러타시 섬닷 혀가꼬 어짜 올여? 하이고매! 목구녁 까시라서 딩기 왕기 앙 기냐 숭보깜시나 솔찬히 거시기허고만이라우.

이게 바로 전주사투리의 진수다. 나는 어린 시절의 기억을 몸살이 날 정도로 쥐어짜기는 했어도, 당신이 찾아오면 내가 할 말이기도 하다. 우리 주인공은 이미 많은 말을 했으면서도 거시기하다고 한다. 알아듣지 못하는 사람들을 위해 풀어쓰자면 상당히 길어지고 만다. 해가 저물도록 여기까지 찾아오느라고 몹시 배가 고프셨을 텐데, 차린 반찬이 이렇듯 어설퍼서 어찌해야 옳을는지요? 에고 어머니! 목구멍 넘기기가 껄끄러워서 혹시 보리등겨나 왕겨 밥 아니냐고 흉볼까 봐 적지 않게 난감하여 뭐라고 적당히 둘러 부칠 말이 없습니다.

전주사투리타령을 들어본 적이 있으신지? 왕기석 명창이 흥이 나면 곧잘 부르곤 하는 단가인데, 군대에서 '열쇠'라는 암구호를 전주사투리 '쇳대'로 응답했다가 당한 일화를 사설로 엮은 것이다.

쇳대도 긴디. 쇳대도 긴디. 염소가 맴생이요 맴생이가 염소 앙 기냐,
거위가 때까우요 때까우가 거위란다. 서랍은 빼다지요 빼다지가 서랍이니,
쇳대가 열쇠 앙긴 세상도 있드란 말이냐. 쇳대가 짐승이냐 쇳대가 도동놈이냐
쇳대가 인민군이냐 긔 앙기면 때국놈이냐. 말을 쪼까 혀보거라.
깜밥허고 누름밥도 가납 못허는 천하으 싸가지없는 새깽아

— 이병천 〈전주사투리타령〉 일부

여기 깜밥하고 눌은밥이 있다. 깜밥은 까맣게 눌어붙은 밥인지 아니면 밑에 깐 깐밥인지 어원은 분명치 않다. 깜밥이든 깐밥이든 그것과 눌은밥은 완전히 다르다. 그런데 국어사전을 들춰보면 깜밥이 눌은밥의 방언이라고 적혀 있다. 기가 찰 노릇이다. 눌은밥은 물을 부어 풀어놓은 음식이고 깜밥은 눌어붙은 걸 그대로 긁어낸 간식거리니, 깜밥은 깜밥이고 눌은밥은 눌은밥이다. 그러니 그걸 하나로 알고 있는 표준어 집안 처녀가 전주에 시집을 온다면 곤란한 일이 벌어질 수도 있다. 시어머니에게는 깜밥을 드렸다가 힁 돌아앉게 만들고, 아이에게는 눌은밥을 내밀었다가 울음보를 터뜨리게 할지도 모른다.

당신에게, 전주

뉘리끼리한 것은 반드시 뉘리끼리하다. 노란 것과는 다르다. 아리까리한 것도 역시 아리까리한 것이다. 인간의 머리는 알거나 모르는 것, 그 둘로 딱 나뉘는 건 아니다. 그 중간의 상태도 없을 수 없다. 그러니 만약 아리까리를 표준어에서 빼버린다면 우리나라 표준어 사전을 얇게 만드는 장점은 있을지 몰라도 국민 모두를 바보 취급하는 것과 다르지 않다.

전라도 사투리 중에는 표준말로 등재돼야만 할 말들이 적지 않다. 아구똥하다고 쏘삭거릴지는 몰라도, 그러지 않았다가는 우리말이 가난을 면치 못한다. 소에게 송아지가 있고, 개에게 강아지가 있듯이 돼지에게도 엄연히 새끼 돼지인 되아지가 있다. 헌데 인정하지 않는다. 다 자란 뒤에 잡아먹기나 하면 됐지 무슨 이름이 따로 필요한가, 그렇게 여기는 걸까?

'삐지다'란 말이 표준어로 등록됐다고 하기에 빈정 상해서 혼자 삐쳤던 경험이 있다. 손자와 더불어 손주란 단어가 표준어로 올랐을 때도 그랬다. 모르고 막 써서 무지하게 확산된 단어들을 표준어로 거침시 올리면 안 된다. 대체할 말이 없는 경우, 그런 말이 표준어가 돼야만 한다. 오사네! 시방 나는, 표준어 기준을 전주사투리로 욕했다. 아시겠는가?

소리의 길을 따라 때로는 휘모리로, 진양조로

| 소리축제와 대사습놀이

전라도에서 나이 드신 이들은 사람들끼리 말하고 대화하는 걸 두고 흔히 '소리한다'고 표현한다. 그냥 입버릇으로 굳은 말이 그렇다. 가수의 노래를 들으면서도 거 참, 소리 잘 허네 하고 말하는 건 당연할 지경이다. 이때의 소리는 새소리 바람소리와 같은 그런 소리가 아니라 판소리의 소리다. 그들에게는 판소리가 그만큼 보편화된 것이다.

전주에서 해마다 가을에 열리고 있는 세계소리축제도 그런 의미다. 꽹과리나 북, 무슨 쇠토막이나 들고 와서 두드려대는 축제가 아니다. 엄연한 음악축제다.

소리축제가 개최될 무렵이면 소리문화의 전당 일대는 온갖 나무들이 형형색색 물드는 것처럼 지구촌 이곳저곳의 음악들이, 소리들이 서로 어우러진다. 바로 그 맞은편 조경단肇慶壇에서 쉬고 있는 전주이씨 시조도 어깨춤을 들썩이실지 모른다. 그 너머 편백나무 숲도 이미 며칠 전부터 옷을 갈아입고 집단적인 군무群舞를 준비하고 있었을 것이다. 전당 입구의 간이주막 세 집은 일 년을 기다려온 초대형 국제 잔칫날이니 말할 나위도 없을 것이다. 스스로를 비빔밥의 그 비빔교 교주라고 자처하는 주막 사장님은 안녕하신지?

세계소리축제가 가을 잔치라면 봄의 잔치는 역시 전주대사습놀이다. 해마다 5월 단오 무렵에 열리는 우리나라 최고의 국악 향연이다. 조선 숙종 대부터 성행했다고 하는데 일제 강점기 때 맥이 끊겼다가 지난 1975년 부활돼서 40여 년째 이어지고 있다. 대사습이라는 말은 원래 각자가 자신의 스승에게 배우고 익힌 것들을 널리 펼쳐 보인다는 뜻이라고 한다. 궁술대회와 판소리 경창, 백일장, 그리고 통인물通引物놀이 등이 다 포함된다.

당신에게, 전주

여기서 통인은 지방관아에 딸린 잔심부름꾼을 일컫는 말인데, 그 놀이라고 했으니 그들끼리 겨루던 심부름 경합쯤으로 이해하면 될 것 같다. 그들이 바로 대사습놀이를 탄생하게 했던 장본인들이었다고 전해진다. 전주부와 전라감영에 속해 있던 양쪽 통인들은 경쟁하듯 자기 진영 쪽으로 명창을 유치했다고 한다. 지금이라면 도청과 시청 공무원들이 각각 명창을 내세워 공연함으로써 백성들을 흥겹게 해주는 한편 일을 잘한다고 평가받고 싶어했을 그런 놀이였으리라.

현재 우리나라를 대표하는 국악의 명인 명창 명무名舞는 거의 전부가 전주대사습놀이를 거쳤다고 해도 과언이 아니다. 그리고 그들은 다른 어느 대회보다 전주대사습이라는 등용문을 통해 명인이 됐다는 사실을 자랑스러워한다. 옛적 전주의 통인 이속들은 그들이 벌였던 놀이가 오늘날 이렇게 큰 의미를 갖게 되리라고 짐작이나 했을까?

전라도의 소리와 가락이 얼마나 독보적인지는 그 세분화가 어떻게 돼 있는지를 살펴보면 후딱 이해할 수 있다. 농악만 봐도 그렇다. 전라도는 좌도농악과 우도농악으로 나뉜다. 두 농악은 판연하게 다르다. 힘차고 빠르고 강한, 산간 지역 좌도농악에 비해 호남 서쪽 평야지대의 우도농악은 유장하고 화려하다. 그래서 젊은 대학 풍물패는 대부분 좌도농악을 선호해 왔던 게 사실이다. 이제 우도농악에도 힘을 북돋울 때가 됐다.

판소리야 전라도에서 유일한 장르니까 말할 나위도 없지만, 동편제와 서편제의 분화는 전라도의 음악성을 이해하는 척도가 될 수 있다. 뒤에 붙어있는 '제制'는 만들어진 모양새를 일컫는 말이다. 명창들마다 자신이 부르는 방식의 제가 있다. 송만갑제, 임방울제….

전라도 사투리 가운데, '째내다', '째를 부리다'라는 말이 있다. 나는 혹시 그 어원이 '제'가 아닌가하고 추측해 본다. 그들이 '째'를 언급할 때는 '제'까지도 항상 염두에 두기 때문이다. 당신처럼, 그 어떤 한 사람만의 독특한 멋부림, 그게 째다.

TRAVEL NOTE

가장 한국적인 도시에서 열리는 가장 세계적인 소리축제,
그게 바로 전주세계소리축제다. 쇼팽과 아리랑이 만나고,
추억의 통기타부터 판소리, 세계 각국의 개성 넘치는
음악공연까지 한데 모인다. 젊은이들을 위한 클럽음악,
비보이공연도 열린다. 특히 소리축제에 왔다면 판소리
한 바탕만은 꼭 들어보자. 가을날 운치 있는 한옥에서 듣는
'우리의 소리'는 특별한 감동을 선물할 것이다. 무료 야외공연
도 잘 챙겨본다면, 가을날의 멋들어진 한판 축제를 즐길 수
있을 것이다. 매년 10월 초에 5일 정도 개최한다.
전주세계소리축제 조직위(063-232-8398 |
www.sorifestival.com)

이 땅에 시가 있고 소설이 있어

| 가람과 석정, 그리고 최명희

그대로 괴로운 숨지고 이어 가랴하니

좁은 가슴 안에 나날이 돋는 시름

회도는 실꾸리같이 감기기만 하여라

아아 슬프단 말 차라리 말을 마라

물도 아니고 돌도 또한 아닌 몸이

웃음을 잊어버리고 눈물마저 모르겠다

– 이병기 〈시름〉 부분

이미 수십 년 전, 가람 이병기는 훗날에 태어나게 될 나와 내 시름을 벌써 다 헤아리고는 내 심사를 적확하게 묘사한 이런 시조를 남겨 주었다. 일개 서생에 지나지 않는 나는 그래서 늘, 세상의 선생들을 존경한다. 이름 석 자 가운데 내 이름과 두 자가 겹치기도 한다.

이 시조는 전주 다가공원 정상, 가람시비에 새겨져 있다. 다가공원은 옛적 전주부성 부민들이 아주 사랑한 공원이었을 게 틀림없다. 내려다보면 전주 서천이 굽이굽이 흘러가고 멀리 전주 시가지가 패서문 너머로 한눈에 가득 펼쳐지던 곳, 그런데 일제가 그곳에 신사를 세우면서 아마 입맛이 가시고 말았을 것이다. 거기 신사 쪽으로 향하는 다가교를 대궁교大宮橋, 다가산 신사로 향하는 길을 참궁로參宮路라 했으니 발길이 그쪽으로 향할 리 만무했으리라.

해방이 돼서 서둘러 신사를 헐자마자 닥친 한국전쟁, 신사가 있던 자리에 이번에는 거대한 호국영렬탑이며 충혼탑이 새롭게 들어섰다. 그럼 전주시민들이 이제 기꺼이 즐겨 찾는 장소로 변모했을까? 나는 그 무렵을 살아보지 않아서 잘 모른다. 다만 한쪽 귀퉁이에 가람시비가 있어서 그 앞에 오래 머물곤 했었다.

가람은 근현대 우리 시조를 새롭게 일군 대표적인 시조시인 가운데 한 사람이다. 익산에서 태어나 서울에 살았지만 한국전쟁을 맞아 전주 한옥마을에 방을 얻어 기거하기도 했다. 그곳이 양사재養士齊다. 양사재는 전주향교 부속 건물로 유생들이 모여 공부하던 곳이다. 오목대 남쪽 아래에 위치하는데, 거기 '가람서실'이라는 현판이 아직도 걸려 있다.

신석정 시인의 시비는 전주만 해도 덕진공원과 전북대삼성문화회관 두 곳에 세워져 있다. 그만큼 전주 문학사에서 차지하는 비중이 크다고 할 수 있다. 그가 전주 땅에 뿌려놓은 시의 밀알들은 참으로 한 톨조차 헛되지 않아서 전주의 숱한 시인들이 그의 제자였음을, 그로부터 영향을 받았음을 기꺼이 자랑삼는 데 주저하지 않는다. 전주 중앙동에는 석정기념사업회가 이미 문을 열었으며 최근에는 석정문학상이 제정되고 그 첫 해 수상자로 도종환 시인을 선정하기도 했다.

조기호 시인이 동문사거리 '길목집'에서 제안한 적이 있다. 중노송동 석정 가옥을 꾸며 시인의 산실로 개방했으면 좋겠다. 그리고 물왕멀 후백제 궁궐터에 있던 우물을 복원해서 '후백제우물공원'으로 조성하고 한옥마을 관광객들을 그리로 유도해 보자…. 하지만 그 좋은 구상을 들던 나는 힘이 없고 돈조차 없었으니, 참 하릴없던 술집 저녁 풍경이었다.

전주가 낳은 소설가 최명희는 덕진공원 산허리에 잠들어 있다. 원고를 쓸 때면 손가락으로 바위를 뚫어 글씨를 새기는 것만 같다고 고백했던, 그 지독한 열정을 짐작하기는 어렵지 않다. 한옥마을 중앙초등학교 뒤편에 자리한 최명희문학관은 전국 최우수문학관으로 여러 번 선정되기도 했다. 삶이 싱숭맹숭 여겨지는 날이면 찾아갈 곳, 1순위가 그곳이다.

TRAVEL NOTE

17년간 〈혼불〉이라는 작품 하나에만 매달리다 그 작품을 끝낸 지 두 해만에 결국 세상을 떠난 작가 최명희. 그 불꽃같은 삶과 작품에 대해 조금이라도 알고 최명희문학관(063-284-0570)을 찾아 간다면 감동이 훨씬 깊어질 것이다. 온 힘을 다해 손끝이 닳도록 원고지를 채워나간 작가의 열정을 고스란히 느낄 수 있다. 최명희문학관은 한옥마을 안에 있다. 입장료는 없으며, 월요일은 쉰다.

전주 달獺씨, 수달 가문의 본향은 전주천

| 전주천 수달

전주천은 흘러서 만경강으로 합류한다. 만경강은 만 경頃을 적시는 강이란 뜻이다. 1경은 100묘, 1묘가 30평 정도라고 하니까 만경평야를 일컫는 표현으로는 터무니없을 정도로 작기만 하다. 그렇더라도 만경강이며 만경평야를 작다고 할 사람은 아무도 없다.

전주천은 작고, 적다. 도심을 흘러가는 작은 시냇물에 불과하다. 하지만 비록 작은 체수임에도 불구하고 전주천은 숱한 생명들을 낳고 또 키워왔다. 우리네 어머니들처럼…. 그리고 이 작은 천은 우리나라는 물론 세계적으로도 자연생태환경이 잘 보존된 생태하천으로 유명한 곳이다. 각 지방 도시에서는 다들 전주천을 보고 배워가서 오늘날의 생태하천으로 만들었다고 한다. 해오라기 비오리 원앙 물총새 백로 왜가리들이 떼 지어 날아들고, 사람 키를 넘는 빽빽한 억새 숲에서는 이제 막 온갖 잡새 새끼들이 부화할 것이다. 봄은 꽃들의 천국이 아니라 이곳 전주천에서 만큼은

새들의 천국이 된다.

새들이 봄을 맞아서 짝짓기 하는 모습을 훔쳐보노라면 왜 봄이 덧없는지를, 왜 사랑은 늘 순식간이고 또 완성되지 않는 속성을 지니고 있는가를 깨닫게 된다. 그렇다. 덧없는 게 바로 사랑의 일차적 특성이리라. 당신 역시 그걸 나에게 가르쳐준 사람이다.

그러하니, 이제 눈을 돌려 전주천 물속이나 들여다보자. 그곳에 천연기념물로 지정된 쉬리가 헤엄치고, 우리나라 수중 최고 짐승인 수달이 그 뒤를 쫓고 있다. 당신은 쉬리나 수달 중에서 하나만 만나고 가더라도 전주에 온 보람은 있을 것이다. 특히 수달을 만난다면 그런 행운이 더 없다고 느낄 게 틀림없다. 물론 누구나 쉽게 대할 수 있는 일이기는 하다.

당신에게, 전주

쉬리는 잉어목 잉어과의 민물고기로 우리 한반도 고유종이다. 몸길이는 기껏 10~15cm지만 석삼년을 기다려야 비로소 이 크기가 된다고 한다. 원, 무슨 곤고한 삶이 있어 저들을 그렇게도 마디게 자라도록 하는 걸까? 그건 아마 저들의 예민하기 짝이 없는 습성 때문일는지도 모르겠다. 사람들은 쉽게 이 물고기를 만나지는 못한다. 사람 낌새만 보이면 재빨리 바위 틈새로 숨어버리기 때문이다.

수달은 멸종위기 1급으로 지정된 귀한 짐승이다. 도심을 가로지르는 하천 가운데서는 전주천에서 최초로 발견돼 학계의 비상한 관심을 끌기도 했다. 한때는 우리나라에서 비교적 흔했던 짐승으로 황석영의 대하소설 〈장길산〉에도 수달 가죽, 곧 수달피 얘기가 심심찮게 등장한다. 하지만 우리 토종 여우처럼 농약과 남획으로 인해 절멸 위기를 맞았던 것이다. 전주천에서는 꽤 많은 개체수가 서식하고 있는 것으로 알려졌다.

전주천에서 수달의 동그랗고 까만 눈과 눈을 맞추고 싶으면 당신은 어느 때든 저녁을 먹고 천변에 나가 앉아서 잠시 기다리면 된다. 물이 좀 고여 있는 둠벙 가장자리나 징검다리 위에 쪼그려 앉아 기다리다보면 머지않아 놈들은 당신 근처까지 다가와서 눈을 맞춰주고 간다. 날랜 잠수부처럼 물속을 가르고 와서는 고개만 빼꼼 수면 위로 내미는 것이다. 동그랗고 까만 눈, 장난기 가득 배인 눈이 여간 사랑스럽지 않다. 때로는 가족

무리가 한꺼번에 나타나 물장구를 치다 간다. 그 게 기껏해야 5초 남짓, 미처 사진조차 찍을 기회 가 없어 밤하늘을 찌익 긋고 지나가는 별똥별을 보던 때처럼 아쉬움이 크리라. 하지만 그나마도 그게 어딘가. 수달은 이제 전주천을 제 고향으로 삼았다. 전주 달獺씨 수달 가문의 본향으로….

산을 넘고 물을 건너, 게다가 악어 떼가 무리지 어 살고 있는 지역을 통과하는 등 천신만고를 무 릅쓰고 암컷을 찾아가는 수컷 수달 얘기를 TV에 서 접하다가 울컥했던 적이 있다. 당신은 어디, 얼 마나 먼 곳에 있는지?

TRAVEL NOTE

한옥마을 뒤편의 전주천은 가을의 정취를 즐기기에 좋다. 맑고 깨끗한 시냇물과 수양버들, 억새 숲, 징검다리, 섶다리까지 그 조화가 아름답다. 매년 9~10월경에는 전주천 여울목에서 섶다리축 제가 열린다. 날씨가 맑고 따뜻한 날이라면 전주천을 따라 산책하는 트레킹 코스를 놓치지 말 것. 이제 막 고속터미널에 내린 이들이라면 그곳에서 조금 내려와 전주천 고수부지 길을 따라 걸어서 한옥마을까지 가보는 것도 좋겠다. 1시간 남짓이면 충분하다. 거기 운동과 산책을 겸해서 걷고 있는 시민들을 따라 상류 쪽을 향해 걸으면 된다.

오목대에서 들려오는 바람의 노래

| 오목대와 이목대

한나라를 건국한 유방은 어느 때 도도한 노래를 스스로 지어 불렀다. 변방에서 군사를 일으켜 승승장구하면서 아마도 대업을 이룰 기회가 눈앞에 다가왔다고 자신하던 무렵이었을 것이다. 그게 바로 저 유명한 대풍가 大風歌다.

큰 바람 일어나니 구름이 절로 흩어지더구나 (大風氣兮 雲飛揚)

위세를 천하에 떨치고 고향으로 돌아가느니 (威加海內兮 歸故鄉)

어찌하면 날랜 장사를 얻어 사방을 지키게 할꼬 (安得猛士兮 守四方)

남원 황산벌에서 아지발도가 이끄는 왜구에게 대첩을 거둔 이성계는 한양으로 돌아가는 길에 오목대에서 잠시 말을 멈추었다. 그 일대는 전주이씨 가문이 시조 이한李翰 때부터 누대에 걸쳐 살아온 곳이었다. 이성계의 고조부였던 목조 이안사 대에 이르러 지역의 한 권력자와 알력이 생겨

강원도로 함경도로 거푸 이주해 갔지만 아직 남아 있는 종친들도 많았다. 그들과 부하 장수, 그리고 전주 관리들이 참석한 축하연에서 주흥으로 거나해진 이성계는 자리에서 일어나 문득 노래를 부르기 시작했다. 그게 하필 유방의 대풍가였다.

이성계를 따라 종사관으로 출전했던 정몽주는 이미 고려의 운이 다했음을 알았다. 그래서 홀로 말을 달려 남고산 자락 만경대에 이르러 읊었다는 시가 전해지는데….

구월 소슬바람에 나그네 시름 깊으니 (九月高風愁客者)
백년 호탕한 기운을 서생이 그르쳤네 (百年豪氣誤書生)
하늘가 해는 기울고 뜬구름 모이는데 (天涯日沒浮雲合)
고개를 반듯이 들어 송도만 바라본다 (矯首無由望玉京)

− 정몽주 〈칠언율시〉 일부

유방과 얽힌 이런 사연이 있어 전주에는 풍豊이나 패沛라는 글자가 들어간 지명이 많아졌다. 전주 남문인 풍남문의 풍, 서문이었던 패서문의 패, 전주 객사의 별칭인 풍패지관이 다 그렇다. 유방의 고향이 현재의 중국 강소성, 패현 풍읍이라는 데서 유래한 것이다.

당신에게, 전주

오목대는 오동나무가 많았다고 해서 붙여진 이름이다. 그 건너편 동쪽에는 배나무가 많았다는 이목대도 있다. 이목대에는 고종 임금이 친필로 쓴 비석이 모셔져 있다. '목조대왕구거유지穆祖大王舊居遺址', 목조 이안사가 거주하던 옛 터라는 뜻이다.

오목대와 이목대는 원래 하나의 산줄기로 이어져 있었다. 일제가 그 사이 산허리를 잘라 철로를 깔면서 둘은 나뉘었다. 고약한 심보가 아닐 수 없었다. 두 지역은 현재 높은 구름다리로 통한다. 이제 그 철로도 옮겨간 지 오래, 전주시는 두 곳의 맥을 이어 전처럼 하나로 연결할 계획이라고 한다.

오동나무는 그 자신이 가락을 품고 있다고, 이건 당신이 들려준 얘기였다. 우리 전통의 현악기들은 거의 전부 울림통을 오동나무로 만들기 때문이라고 나는 미루어 짐작했다. 그래서 오목대에서는 늘 음악소리가 들려오는 듯하다. 그게 아니더라도 이성계의 대풍가가 울려 퍼지던 곳, 낮은 동산 위에 심어진 큰 나무들이 오늘도 바람에 우우 울고 있다. 그게 바람의 노래이고, 내 노래이기도 하다.

TRAVEL NOTE

한옥마을 입구에서 오목대로 가면 한옥마을 둘레길(숨길), 이목대로 가면 자만벽화마을을 볼 수
있다. 벽화마을은 그렇게 넓지 않아서 한 시간 정도 둘러보면 충분하다. 아기자기한 벽화 사진을
찍고 싶어 하는 젊은이들이 많이 찾는 곳이다. 벽화마을(이목대)과 오목대는 공중다리 하나로 연결
돼 있다. 숨길은 공예품 전시관에서 출발해서 약 7.1km 정도다. 보통 2시간 조금 넘게 걸린다.
시간적인 여유가 있다면 걸어볼 수 있겠다.

한벽寒碧에 청연晴煙이야 무엇이든

| 한벽루와 청연루

전주의 옛 선비들이 꼽은 전주 인근의 8경 가운데 한벽청연寒碧晴烟이라
는 게 있다. 앞의 한벽은 지명으로 한벽당 누각을 가리킨다. 한벽당에서
바라보는 연기 걷힌 풍경쯤으로 풀 수 있을 것이다. 여기서 청연에 대한
해석은 학자들마다 좀 엇갈리기도 하는데….

아마도 깎아지른 절벽에 한벽당을 세운 뜻은 저 멀리 전주천 상류 만마
탄萬馬灘, 만 마리 흰 말이 일제히 달려오는 것 같은 그 여울까지 조망하
고 싶은 바람 때문이었을 것이다. 헌데 인근의 마을에서 밥 짓고 군불을
때는 연기가 자욱해서 아무래도 시야가 확보되지 않을 때가 많았던가보
다. 그래서 그 연기가 걷히는 순간순간이 바로 청연이었다. 헌데 한자 하
나를 바꾸어 아예 정반대로 푸는 이들도 있다. 한벽당에서 보이는, 밥 짓
는 푸른 연기야말로 한벽청연의 진면목이라고 말이다. 더러는 연기가 아
니라 저녁노을이라고, 물안개라고, 이내嵐氣라고 말하는 이들도 있다. 뉘
말이 맞든 혹은 틀리든 무슨 상관이랴. 한벽당에 태평스럽게 앉아 바라보
면 안개든 눈이든 비든 구름이든 다 예쁜 것을.

한벽당은 한옥마을의 남동쪽 끝, 전주천변에 세워진 정자다. 조선 개국공신 중의 한 사람이었던 월당 최담이 세운 것으로 전해진다. 월당은 벼슬살이에서 물러난 뒤 고향 전주로 낙향했는데, 한옥마을을 남북으로 가로지르는 은행로변의 바로 그 은행나무가 서 있는 집에서 살았다. '전주최씨종대全州崔氏宗岱'라고 큰 바위에 새겨진 바로 그곳이다. 전주최씨가 누대에 걸쳐 살던 집터라는 뜻이다. 은행로라는 도로명은 바로 그 은행나무 때문에 붙여진 이름인데, 그 은행나무 역시 월당이 심었다고 한다.

한벽당은 춘향전에도 등장한다. 어사가 된 이몽룡이 이곳을 구경한 다음 남원을 향해 내려갔다는 것이다. 하긴 뭐, 이몽룡은 그 숨막히는 와중에도 태평스럽게 완산팔경을 다 감상하고 다녔다고 했다. 춘향이가 수청 문제로 죽을 고비에 처해 있는데도.

숲정이 공북루 서문을 얼른 지나 남문에 올라 사방을 둘러보니 소강남小江南 여기로다. 기린토월이며 한벽청연 남고모종 건지망월 다가사후 덕진채련 비비낙안 위봉폭포 완산팔경을 다 구경하고 차차로 암행하여 내려올 제

완산팔경은 기록마다 꼽는 기준이 다르다. 완산십경이라는 것도 있고, 심지어 완산 40경까지 들기도 한다. 완산은 전주 남문 밖에 펼쳐진 완산칠봉의 그 완산인데, 전주는 물론 완주 지역까지 아우르는 지명이다. 춘향전에 소개된 팔경 중에 오늘날에도 전주에서 볼 수 있는 풍경은 동쪽 기린봉이 토해내는 달, 남고사 저녁 종소리, 덕진연못에서 연 따는 아가씨, 다가산에서 활 쏘는 모습 쯤 될 것 같다. 덕진채련은, 혹시 불가한 일인가?

한벽당 아래를 가로지르는 남천교는 오룡교라고도 불린다. 다섯 마리 용 머리를 새겨 넣은 멋스런 다리였기 때문이다. 최근 그 남천교가 개건되면서 다리 위에는 정자 하나가 올라섰다. 청연루晴煙樓다. 옛적 전주부민이나 오늘날의 전주시민이나 전주천에서 가장 사랑하고 아낀 다리가 바로 이 남천교였다. 그런데 그 위에 드넓은 정자까지 세워졌으니 금상첨화가 따로 없을 지경이다. 게다가 남천을 거슬러오는 바람도 있어 여름이면 오죽 시원하겠는가? 한옥마을에 미처 잠자리를 구하지 못한 젊은이들은 이곳에 거침없이 침낭을 깔기도 한다.

한벽당과 청연루는, 한벽청연으로, 사랑을 끝내 실체로써 완성했다. 남천교를 건널 때면 나는 늘, 그게 부러워지곤 한다.

전주의 랜드마크 중 하나인 남천교 청연루는 여름날 방을 구하지 못한 배낭객들의 무료 숙소 역할
도 톡톡히 해내고 있다. 여름날 시원한 모정茅亭에서 쉬고 잠을 자던 풍습은 전라도 농촌지역의
오랜 풍습이었다. 그 시원함은 이루 비할 수 없다. 배낭객들 역시 그 사실을 누구보다 잘 알고
청연루를 이용하고 있다.

이곳은 사계절 언제라도 좋지만, 특히 억새 가득한 가을날의 야경이 아름답다. 선선한 가을 저녁
산책길에 청연루의 야경을 카메라에 담아보자. 한벽루는 전주 한옥마을 둘레길(숨길)을 걷는 중간
에 만나게 된다. 조금 부지런을 떨어, 이른 아침 한벽루에 올라보자. 전주천에서 피어오르는 물안
개를 보게 된다면 '청연!'이라고 소리치며 냉큼 카메라 셔터를 누르자.

왜막실과 도토리묵, 그리고 전주물꼬리풀 이야기

| 아중저수지 일대

전주의 동쪽은 우아동 일대다. 옛적 우방리라는 마을과 아중리라는 마을이 한 집 살림을 하게 되면서 우아동으로 불리는 곳이다. 조금 오래되기는 했지만 비교적 전주의 신흥 지역에 속한다고 할 수 있다.

지난 80년대 이후 새로 개발된 곳을 신흥 지역이라고 할 수 있는데 이런 곳들은 젊은이들이 모여 들고 상가가 번성하고 땅값이 들썩거리기도 한다. 이른바 모텔 촌이 형성되는 것도 그 특성의 하나일 것이다. 우아동 일대에도 수많은 모텔들이 밀집해 있어서 호황을 누린다. 특히 한옥마을에서 멀지 않은 곳이라서 미처 한옥마을 숙박체험 업소에 방을 구하지 못한 이들이 자주 찾는다는 얘기도 들린다.

옛적 우방리는 전주역에 가까운 일대, 그리고 아중리는 아중저수지 근방의 마을이었다. 그런데 우방리 일대는 주로 아파트가 들어서면서 옛 이름을 기억하는 이들이 거의 다 사라지고 말았다. 그 대신 아중리는 거기 위치한 저수지 때문에 우아동으로 이름이 바뀐 지 오래인데도 여전히 아중리로 불리곤 한다.

전주는 원래 저수지가 많은 도시였다. 전후좌우 사방팔방이 모두 농사를 짓던 곳이라 저수지가 필요하기도 했지만 사실은 다른 이유가 있었다. 분지로 둘러싸여서 화기火氣가 많았고, 그로 인해 화재가 자주 발생하는 걸 우려했던 것이다. 불의 기운을 물로 잠재우자! 물론 지금은 거의 모든 저수지가 다 메워지고 그 자리에 아파트나 학교, 관공서 등이 들어섰다. 아중저수지는 살아남았다. 남아서 화기로 인한 전주사람들의 갈증을 채워주고 있다. 전주 북쪽에 덕진연못이 있다면, 동남쪽을 지키고 앉은 호수가 바로 아중저수지다.

저수지 상류 일대는 '왜막실'이라고 부르는 곳이다. 몇 개 마을이 터를 이룰 만큼 넓은 골짜기를 일컫는데, 정유재란과 연관된 지명이다. 그 당시 왜구들이 전주부성을 치기 위해 군대를 주둔시키고 막사를 친 골짜기가 바로 왜막실이다. 왜구가 망하기를 바라는 마음이 하도 커서 그 이후로는 '왜망실'로 더 자주 불리기는 했지만.

아중저수지는 그냥 방치된 물웅덩이처럼 오랫동안 아무런 관심도 끌지

당신에게, 전주

못하다가 최근 들어서야 시민들의 휴식공간으로 조금씩 탈바꿈하고 있다. 당신 역시 이곳에 왔던 날을 기억하는가? 그때 당신은 말했다. 중국의 장이머우 감독이 계림이나 서호에서 공연하는 수상극을 이런 장소에서 준비해 보면 참 좋겠다고 말이다. 아마 그런 날이 올 것이다. 그때는, 아무리 인내심 강한 당신이라도, 결국 흥에 겨워 참지 못하고 이곳을 찾아오려나?

저수지 아래로는 식당 막사들이 어지럽다. 왜막은 안중에도 없고, 다만 우리 고유의 음식 하나가 이곳에서 빛을 발하고 있다. '도토리묵촌'이라는 간판과 음식이 그것이다. 틀림없이 왜막실 인근 산야에서 따 모았을 도토리로 만든 음식들이 별미다. 특히 묵에다가 닭고기를 합한 별스런 요리, 사람들은 그 얘기만 들어도 눈을 동그랗게 치켜뜨곤 한다.

이제 아중역 뒤를 살펴보자. 아중역이 있던 역사는 그 모습 그대로 지금은 음식점으로 바뀌어 호기심 많은 이들을 불러모으고 있다. 그 뒤에 생태체험을 할 수 있는 전주종묘장이 자리하는데 단 한 가지 특별 예방해야 하는 게 있다. 전주에서 발견돼 '전주물꼬리풀'이라는 이름을 얻은 멸종위기 식물 하나가 거기 산다. 1912년 처음 발견된 뒤 전주를 떠났다가 무려 101년만에 전주 땅을 다시 찾은 귀한 식물이다. 전주는 2013년, 이 식물에 대한 환영식을 대대적으로 벌이기도 했다. 가을에 자주색 혹은 분홍색의 꽃을 피운다.

당신도 내 맘으로는 대대적인, 연대적인, 사단적인 환영을 받을 텐데….

TRAVEL NOTE

아중저수지 대신 아중호수로 불리게 된 이곳의 수중 산책로가 인기다. 호수 위로 산책로가 놓여져, 마치 물 위를 걷는 것 같은 특별함이 있다. 특히 LED조명이 만들어내는 야경이 멋지다. 무엇보다 호젓함이 매력인데, 연인들의 데이트 코스나 프로포즈 장소로도 많이 애용될 것 같다. 산책로 중간에 카페도 있고, 주변에 새우탕이나 매운탕을 하는 맛집도 있다. 한옥마을 주차장 앞 큰 길이 기린대로인데, 그 길 너머로 아중리가 위치해 있다. 아중호수 가는 길은 아직 버스편이 여의치는 않다. 승용차나 택시를 이용할 게 아니라면 차라리 걸어보자. 한옥마을 주차장에서 30분 정도 소요된다.

강암서예관을 지나 남안재 가는 길에

| 선비의 길

'강암은 역사다.' 1995년, 서예가 강암 송성용 회고전을 마련한 동아일보는 전시 타이틀을 그렇게 내걸었다. 강암은 서예·역사에서 뺄 수 없는 존재라는 찬사에 다름 아니다.

강암에 대해 얘기하려면 간재 전우田愚라는, 전주 한옥마을 출신의 조선 마지막 유학자까지 거슬러 올라야 한다. 간재는 고종에게 여러 차례 벼슬을 제수 받았지만 끝내 나아가지 않았다고 한다. 그러다가 한일합방이 되자 옛 성현의 말과 함께 홀연히 서해로 떠나갔다.

간재는 서해 여러 섬을 떠돌다가 계화도界火島에 정착했다. 그리고 그 섬 이름을 성인의 도학을 계승한다는 뜻으로 바꾸고繼華島, 평생 학문에 힘쓰는 한편 제자들을 양성했다. 그 제자들이 무려 3천, 그들 중 대표적인 세 선비가 향교 근처에 모여들어 오늘날의 한옥마을을 일구었다. 금재 최

병심, 고재 이병은, 유재 송기면으로 이들을 일러 삼재三齋라고 한다. 일본 상인들이 중앙동에서 득세하자 그들 삼재와 제자들은 경기전과 향교가 있는 교동과 자만동 일대, 오늘날의 한옥마을에 한옥 집을 짓고 저항하 듯 모여 살았던 것이다.

유재 송기면은 한옥마을에 와서 살지는 않았다. 고향인 김제 백산의 여뀌 다리 마을로 돌아가 요교정사蓼橋精舍를 지어 후학들을 가르쳤는데, 그의 아들만큼은 한옥마을 고재 이병은의 남안재로 보내 학문을 익히도록 주 선했다. 그가 강암 송성용이다.

강암은 스승의 셋째 따님과 결혼해서 한옥마을 남천 천변에 집을 짓고 살았다. 1999년 작고할 때까지 흰 한복만을 입었으며 상투를 틀고 망건 을 쓴 채 꼿꼿한 자세로 글을 읽고 사군자를 치고 글씨를 쓴 유학자, 서

당신에게, 전주

도가였다. 그가 평생 보발과 한복을 고집한 건 부친인 유재의 가르침 때문이었다고 한다. 일제의 단발령에 대한 항거였다. 강암이 역사가 될 수 있었던 첫째 이유는 그의 이러한 선비정신 때문이리라.

강암의 글씨는 단아하고 예쁘다. 호남제일문湖南第一門, 덕진연지德津蓮池 같은 현판들에서 그 정제된 서예의 맛을 조금이나마 엿볼 수 있다. 하지만 작품들을 제대로 감상하려면 강암서예관을 찾을 일이다. 그곳에 강암서예의 진면목이 전시되고 있다.

거기서 양사재, 향교, 그리고 남안재로 가는 길, 그 길목은 전주 선비와 유생의 길이었다. 향교를 오가던 어린 유생들이 공자왈맹자왈 웅얼거리고, 스승께 회초리를 맞았다고 찍찍 울고, 일본인들이 파는 사이다를 사 마실까 말까 엽전만 만지작거리고, 일본 처자들은 기모노 안에 속속곳을 입네 마네 쑥덕거리며 논쟁하고, 만년필이라는 쇠붓이 나왔던데 참말 만년은 쓰겠더라고 신기해 하면서 걸었을 길…. 그게 강암에게는 처가댁 가는 길이기도 했으리라.

강암 가문은 전주에서 활짝 꽃을 피운 것으로도 유명하다. 장남 송하철은 전주시장을 역임했고, 4남 송하진은 전주시장을 거쳐 지금은 전라북도 지사다. 강암이 한옥마을을 처음 일구었다면, 그 한옥마을을 전주시

장 시절에 기름지게 가꿔 만화방창하게 한 이가 송하진 지사기도 하다. 그리고 2남 송하경은 성균관대 유학대학장을 지냈으며, 고려대 문과대학장을 역임한 3남 송하춘은 소설가로 필명을 떨치고 있다. 그가 바로 내 소설의 은사이시다. 마치 은사시나무 같던…. 그래서 나 또한, 저 간재로부터 이어져온 거창한 사단師團의 말석 한 자리나마 은근슬쩍 꿰찼다. 물론, 내가 거기에 끼어 있는지 어쩌는지는 아무도 모르지만.

일찍이 맹자의 어머니가 그랬던 것처럼, 이제라도 향교 근처로 옮겨 살아야 하나?

TRAVEL NOTE

강암서예관은 전주 남천교 청연루가 세워진 다리 바로 앞에 위치해 있다. 청연루에 앉아 쉬는 이들은 강암서예관의 화장실을 이용하기도 할 만큼 가깝다. 관람료는 무료이다. 분기별로 소장품을 교체 전시하고 있으며, 때로 기획전도 연다. 이곳에는 오세창, 한용운, 김홍도, 변관식, 이응노의 서화와 다산 정약용, 우암 송시열, 이당 김은호 등의 간찰, 그리고 서첩, 인장, 연적 등 모두 1,162점의 소중한 자료가 보관돼 있다.

그곳을 세 차례 오르내리면 세 갑자를 산다는데

| 벽화마을과 한글미술관

추사 김정희와 같은 시대를 살았던 창암 이삼만은 전주를 대표하던 명필로 전주 땅 곳곳에 많은 발자취를 남긴 인물이다. 그의 삶은 전주사람들에게 반半은 전설처럼 입에 오르내리기도 한다. 인물사전에 소개된 글을 보자.

전라북도 정읍 출생. 만년에는 전주에 살면서 완산完山이라고도 호를 썼다. 어린 시절에 당대의 명필이었던 이광사李匡師의 글씨를 배웠는데, 글씨에 열중하여 포布를 누여가면서 연습하였다 한다. 부유한 가정에 태어났으나 글씨에만 몰두하여 가산을 탕진하였고, 병중에도 하루 천자씩 쓰면서 "벼루 세 개를 먹으로 갈아 구멍을 내고야 말겠다."고 맹세하였다 한다.

이광사는 동국진체東國眞體라고 해서, 조선만의 조선다운 글씨를 써야 한다고 주창했던 서예가다. 그 마지막을 이은 이가 바로 이삼만이다. 추사

당신에게, 전주

김정희가 처음 이삼만을 만났을 때는 어느 정도 괄시를 했던 게 사실이다. 하지만 그는 나중에 크게 각성한 듯하다. 말년에 이르러 추사가 이루어냈던 동자체童子體는 혹시 그 깨달음에서 비롯된 건 아니었을까?

자만동 벽화마을에 대해 당신은 들어봤을 것이다. 그곳이 바로 창암이 살던 마을이기도 했다. 글씨 연습에 그렇게나 열중했다면 마을 곳곳에 흩뿌려진 먹물의 향기는 얼마나 진했을까? 헌데 그 묵향의 현장이었을 마을은 세월이 흘러 이제 벽화마을로 각광을 받고 있다. 게다가 최근에는 서예가 효봉 여태명이 마을 한복판에 한글미술관을 열었으니 인연도 이런 인연이 없다. 자만동은 하늘이 붓을 점지한 마을일까?

자만동은 사실은 전주 역사에서 아주 중요한 위치를 차지하는 마을이다. 오목대와 이목대의 그 이목대가 위치한 마을이기도 해서 전주이씨가 시조 때부터 대를 이어 살았던 터전이기 때문이다. 대한민국의 어느 성씨든 그 시조가 살던 마을이 구체적으로 드러나는 곳이 또 있을지 모르겠다. 그런데 전주이씨 만큼은 그 장소가 분명히 알려져 있는 것이다. 그러니 자만동은 백 개에 이르는 각 파벌, 전국적으로 삼백만 명을 헤아린다는 모든 전주이씨들의 고향이고 성지랄 수 있다.

여태명의 한글미술관은 마을 중앙의 골목길을 따라 올라가면 나타난다.

그는 민체民體 혹은 개똥이체라는 이름으로 서민 체취가 물씬 풍기는 독특한 한글 서체를 개발하기도 했다. '문화체육관광부' 현판, 국순당 '명작', TV 프로그램 '1박2일', '가족만세' 등의 타이틀을 썼으며 중국 베이징을 비롯해서 프랑스 파리, 독일 베를린과 미국 유엔본부 청사에서도 초대전을 열었던 작가다. 그는 창암 이삼만의 고단한 글씨 인생이 배인 자만동을 오래 전부터 주목해 왔다고 했다.

미술관 벽면과 기둥, 그리고 바닥에는 도배라도 하듯 온통 우리 한글로 장식했다. 그래서 이집 앞에 서면 다른 누구네 집이 아닌 '한글이네 집'에 온 것 같은 느낌이 절로 난다. 한글이네 집, 그렇다. 왜 아니겠는가? 한글이네는 여태 집 없이 떠돌다가 이번에야 겨우 이 땅에 몸을 누일 집 한 칸을 마련했다.

헌데 자만동은 발산 깔끄막에 몸을 기댄 마을이라 그곳을 다 둘러보려면 땀깨나 쏟아야 한다. 그래서 땀 흘리던 관광객들이 스스로를 위로하기 시작했다. 이곳을 세 차례 오르내리면 세 갑자를 살 수 있다고….

그러니 당신, 세 갑자 180년을 살기 위해서라도 이곳을 애써 찾아와야만 한다.

TRAVEL NOTE

한글미술관(063-232-0550)은 2015년 3월에 문을 열었다. 아직 따끈따끈 신선하다. 가장 한 국적인 것이 가장 잘 어울리는 전주라서, 벽화마을 한가운데 자리 잡은 한글미술관도 참 전주스럽 다. 60년 된 한옥에 한글들이 옹기종기 들어앉게 된 것이다. 이곳에는 작은 카페와 와인바도 들어 서고, 숙박체험을 할 수 있는 방도 몇 개 들여놓았다. 앞으로 이곳에서 예쁜 한글 글씨대회도 열 고, 특별한 한글이름짓기 행사 같은 것도 열 계획이라고 한다.

한지, 우리 자신을 되비치는 거울이었느니
| 완판본문화관, 한지문화센터

당신, 전주 선물로는 한지 제품이 최고가 아닐까 싶다. 요즘에는 말린 미역줄기처럼 거칠고 성글게 만든 한지도 있어서 그냥 벽에 걸어두기만 해도 하나의 예술작품으로 충분하다. 물론 한지를 활용한 기념품이나 생활용품도 다양하고 좋다. 별 게 다 있다.

전주 한지는 오늘날의 전주를 전주답게 만든 일등 공신이랄 수 있다. 종이는 한 나라의 문화적 척도를 보여주는 문명의 하나로 평가된다. 종이가 한지였던 시절, 전주 한지가 그걸 담당했다. 전주 부채가 명성을 날릴 수 있었던 것도 한지 때문에 가능한 일이었다.

완판본完板本은 전주 한지의 결정판이랄 수 있다. 경판본에 대응하는 말이다. 조선 후기 목판인쇄술의 주류 지역은 한양과 전주였다. 책을 찍어내는 데 종이가 뒷받침할 수 있는 곳, 한양을 빼고는 전주가 유일했다는 얘기다.

당신에게, 전주

즐거운 저 동산에는 박달나무가 자라고(樂彼之園 爰有樹檀)

그 밑에 닥나무 있네(其下維穀)

다른 산의 돌이라도 옥을 갈 수 있다네(他山之石 可以攻玉)

– 〈시경詩經 소아 편小雅篇〉

나라 안의 인재를 두루 쓸 생각을 하지 않는 왕을 깨우치고자 했던 삼천 년 전의 노래다. 우리가 흔히 쓰는 '타산지석'이라는 말이 여기서 비롯됐다. 그 앞 구절에서는 크고 우뚝하게 자라는 박달나무뿐만 아니라 그 아래 살고 있는 닥나무도 쓸 데가 많다는 뜻을 내포하고 있다. 삼천 년 전의 중국이나 삼천 년이 흐른 지금의 우리나 별반 다를 바 없다.

한지 원료인 닥나무는 없어서는 안 될 나무였다. 전주 인근에서는 그 수요가 적지 않아서 애지중지 심고 가꾸었던 모양이다. 상대 당파의 본거지라고 할 수 있었던 호남에 불만이 많았을 성호 이익은 전주를 적지 않게 비판했는데, 전주 만마동萬馬洞 닥나무가 품질이 좋다는 말 하나는 빼놓지 않았다. 욕하는 글을 쓰려고 해도 좋은 한지는 꼭 필요했으리라.

전주천변 완판본문화관에 들러 완판본 소설을 읽어보고, 거기 아름다운 글씨체 중에 당신 이름 글자를 골라 그걸 명함이나 문패의 서체로 활용해도 좋을 것 같다. 전주에서는 요즘 그게 유행이다. 옛 완산구청 부지의 한지문화센터에 가면 우리 한지를 어떻게 뜰 수 있는지 직접 체험해 볼 수도 있다.

종이가 그렇게 귀했던 시절, 우리 도령 총각 선배님들은 어떻게 연애편지를 썼을지 나는 참 별 걱정을 다 해본 적이 있다. 쓰다가 막히거나 엇나가면 그때마다 한지를 구겨버릴 수는 없는 노릇이다. 종이를 함부로 낭비할 수 없던 시절이었으니까.

종이를 짝짝 찢어버리고 밤새워 구겨버리면서도 완성시키지 못한 사랑을, 나는 지금 한탄한다.

5월이면 '전주 한지문화축제'가 열린다. 특히 이 축제의 꽃은 한지패션쇼다. 종이로 만든 옷이
얼마나 아름다울 수 있는지 온몸으로 전율하고 감동하게 된다. 옷도 되고, 가구도 되고, 예술품도
되는 아름다운 종이 한지. 전주 한지산업지원센터(063-281-1530 | www.hisc.re.kr)에 가면
거친 닥나무가 한지가 되기까지의 과정이나 한지 뜨는 체험도 해볼 수 있다.
비용은 1인 5,000원을 넘지 않는다. 단, 한지공예의 경우 명함케이스 등은 10,000원.
아이들에게도 특별한 체험이 될 것이다. 매주 월요일은 휴관.

백성이 자치하는 천하는 이미 열렸건만
| 동학혁명 기념상

1894년 4월 27일은 전주 장날이었다. 전라감영을 공격하기 위해 집결한 농민군들은 완산칠봉 용머리고개 일대에 일자진一字陣을 쳤다. 그곳에서는 전주천 건너 서문과 남문이 눈 아래 내려다보였다. 장꾼으로 위장한 농민군들은 두 성문 밖 장터로 스며들었다. 이윽고 오시午時 무렵, 용머리고개에서 요란한 대포소리가 터져 나왔다. 혼비백산한 장꾼들에 뒤섞여 농민군들도 성내로 진입하는 데 성공했다.

이게 농민군들에 의한 전주성 무혈입성에 대한 전말이다. 이 전투를 지휘한 이들은 전봉준과 김순명, 그리고 14세 소년장수 이복용 등이었다. 농민군 수효는 이 삼만 명에 이르렀다고 한다. 하지만 불과 한 달 남짓, 전열을 정비한 관군의 공격을 받고 김순명과 이복용은 전사하고 전봉준도 허벅지에 총상을 입었다. 하지만 이 진퇴양난의 처지에서 관군과 농민군 사이에 전주화약이 맺어지고, 전라도 곳곳에 집강소執綱所라는 자치기구가

들어서게 된다. 집강은 윤리와 기강을 바로잡는다는 뜻이다. 전투에서는 비록 농민군이 패배했지만 동학 농민혁명사에서 가장 빛나는 시기는 이렇듯 열렸다.

전주에, 웬만하면 한옥마을에, 전봉준 동상 하나를 세우는 게 사명처럼 여겨지던 날이 있었다. 발발 120년이 넘도록 동상 하나 없는 게 심히 부끄러웠다. 전주에서 나고 자라고 사는 자로서 기념상을 당연한 부채로 여기는 이들이 모여 거사를 모의하기도 여러 차례…. 대상은 전봉준 장군상으로 하자. 다친 다리를 하고 이인교에 앉아 끌려가는 바로 그 역사적인 사진 모습을 형상화하자. 동상이 설 자리는 어디 자투리땅 대여섯 평이면 족하리라. 지인들이 부지를 제공하겠다고 나서기도 했다. 건립비용을 겨우 마련하는가 싶기도 했다.

그 부푼 와중에 일부 공무원과 일부 의원이 나섰다. 누군가는 그러더라고 했다. 그 일이라면 우리가 해야지 왜 저들이 나서는 거야? 누군가는 그랬다. 왜 하필 끌려가는 모습을 새겨? 누군가는 또 쌍심지를 돋우었다고 한다. 왜 전주에 그걸 세우자는 거요?

우리는 그랬다. 그저 닭 염통꼬치나 떡갈비가 전부인 줄 오해할 수도 있는 관광객들에게 독특한 전주정신이 분명 있다는 사실을, 전주 삶의 원형에 녹아든 역사가 과연 어떤 것들인지를 말없이 증거하고 싶었다. 하지만 그 일은 끝내 수포로 돌아가고 말았다.

명실상부하게 백성들이 자치하는 대동천하가 열린 지 이미 오래다. 지방 자치제가 바로 그것이다. 집강소에서 집무하던 농민들, 그들을 공무원이나 의원이라고 불렀던가? 그들 농민이 살아서 오늘을 본다면 과연 어떤 심정일까? 어느 시인이 되알지게 묻는 걸 들은 적이 있는지 모르겠다. 거, 머시기냐 동학 때나 시방이나 달라진 게 뭐여. 누군가가 혼잣소리로 답한다. 아, 집강소만 놓고 봐도 그렇지, 같잖은 시방 판국을 어디 동학 때에 비허능감?

말이 났응게 말이지만 말여

거, 머시기냐 동학 때나 시방이나

우리가 달라진 게 뭐여

두 눈 시퍼렇게 뜬 눈 앞에서

생사람 잡아 논두렁에 눕혀놓고는

– 김용택 〈마당은 비뚤어졌어도 장구는 바로 치자〉 일부

일이 여의치 않는 절망의 날마다, 나는 당신을 떠올리곤 한다. 절망과 그
리움, 내게는 그게 한 몸이다.

정여립, 전주사람들이 숨어서 나누던 얘기들
| 정여립의 길

조선 전체를 통틀어 가장 못난 왕은 선조가 아니었을까 하고 여길 때가 많다. 백성을 버리고 도망친 사실만 놓고 보더라도 임금 자격이 없었고, 이순신을 질투해서 자꾸 끌어내리려고 했던 일만 보더라도 용렬하기 짝이 없는 인물이었다. 심지어 피난 중에 자기 배가 고플 때는 '묵'이라는 생선을 뼈 발라 허겁지겁 먹더니 맛이 좋았던지 '은어'라는 이름을 하사했다가는 훗날 입맛이 돌아오자마자 그걸 '도루묵'이라고 도로 이름을 빼앗는 바람에 하찮은 생선한테까지 5백년 넘게 원한을 산 임금으로 기록됐다. 은어가 도대체 뭘 어쨌기에? 전주사람들은 이런 경우를 두고 '웃기고 자빠졌다'고 표현한다.

그런 선조가 정여립鄭汝立을 죽였다. 물론 정여립 한 사람만으로 끝나지 않은 데 문제가 있었다. 이른바 조선 최대 학살극으로 꼽히는 기축옥사 얘기다. 못난 선조의 기질이 적나라하게 드러난 사건이었다.

그가 남긴 문자 중에 천하공물설(天下公物說)과 하사비군론(何事非君論)이 있다. 천하는 공물인데 어찌 일정한 주인이 있으랴. 누구를 섬기든 그가 바로 임금이 아니겠는가, 하는 뜻이다. 신채호(申采浩)가 일찍이 지적한대로, 그가 혁명성을 지닌 사상가라는 점은 분명하다.

-〈한국민족문화대백과사전〉 내용 편집

정여립은 전주 남문 밖 출생으로 알려져 있다. 여립의 여汝 자는 너를 뜻하고, 립立은 세운다는 의미니 여립 전체는 너를 세운다는 뜻으로 풀 수 있으리라. 그의 사상은 바로 그 자신의 이름에 이미 명시돼 있었다. 내가 아니라 너를 세우는 일, 천하에 주인이 없으며 모두가 동등하다는 정여립의 사상을 한 마디로 풀면 그것이다. 하지만 역모의 실체는 어디에도 없었다. 그걸 모함한 당파도, 선조도 잘 알고 있는 사실이었다.

모함의 여파는 컸다. 누군가는 안질이 걸려서 자신도 모르게 눈물 흘리다가 역적을 위해 운다고 오해받아 목이 잘리고, 또 누군가는 비참한 고문 장면을 피해 얼굴을 돌렸다가 매 맞아 죽었다고 기록은 전하고 있다. 무고한 이순신도 이때 구사일생으로 살아남아 임진왜란을 맞이했다. 서로가 서로를 모함하고, 모함이 모함을 불러오기도 했다.

역모에 연루된 자들로 지목돼서 죽은 인사가 무려 천여 명, 그날 이후 그 쑥대도 자라지 못하는 바람 찬 황무지에서는 무려 삼백 년 동안 선비의 싹이 제대로 발아되지 못했다는 얘기도 들린다. 싹은커녕 뿌릴 종자 한 톨 남아 있지 않을 정도로 호남 선비들은 그때 모두 사라지고 말았다. 오히려 다른 고을의 가축들까지 나서서 전라도를 향해 반역향이라고 손가락질하고, 있는 말 없는 말을 다 지어 헐뜯는 풍조가 생겨났다고 했다. 그래야 자신들의 목숨을 부지할 수 있기 때문이었다. 피가 뿌려진 땅이라서 무심한 벼와 보리, 그리고 소채가 자라는 발아래 토양만 기름졌을 뿐….

금산사 계곡물이 모인 금평저수지는 '오리알터'라는 이름으로 더 잘 알려져 있다. 그곳 상류에는 대동계大同契 모임을 갖던 정여립의 별장 터가 존재한다. 증산교를 창시한 강증산이 열었다는 구릿골 약방 바로 입구다. 진안 죽도는 그가 최후를 맞이한 곳이다. 전주 혁신도시 일부 도로는 오늘날 정여립 길로 명명됐다. 그의 사상을 담아 반듯하게 닦은 이 길을 타박타박 걷다보면, 나처럼 당신도 문득 뒷골이 서늘해지지 않을 수 없으리라.

내 사랑이 좀 억울한 건 새발의 피다. 전라도, 전주의 억울함은 오래고 깊었다.

오지도 가지도 않으면서 볼 것 없다 하실라요?

| 상설공연 셋

전주한옥마을을 찾아오는 관광객들을 만나 얘기를 나눌 기회가 종종 있다. 그들은 대부분 전주에 가서 맛봐야 하는 음식들과 둘러볼 곳들을 사전에 충분히 조사해서 별도로 목록을 작성하기도 한다. 어디, 나도 한번 봅시다. 그리고는 웃음부터 터질 때가 많다.

기껏 1박2일 여행이라면서 맛봐야 할 음식은 보통 스무 가지가 넘는다. 꼭 가봐야겠다는 장소도 대략 그 정도는 되곤 한다. 한옥마을만 따진다면 지역이 그리 넓은 편은 아니니까 부지런히 발품을 판다면 아주 불가능한 일도 아닐 수 있다. 하지만 먹는 문제는 다르다. 잠자는 시간을 제하면 대략 스무 시간 정도를 전주에 머무를 텐데, 스무 시간에 스무 가지 음식을 맛봐야 한다는 게 쉬운 일이겠는가? 그래서 대부분의 많은 사람들이 음식점 앞에서 줄을 서서 기다리면서도 손에는 무엇인가를 들고 끝없이 우물거리는 건지도 모르겠다. 그러다가 전주를 뜰 때 실토하곤 한다.

당신에게, 전주

아, 정복을 다 못했어요. 다음에 또 와야겠어요.

그런 이들이 간혹 말하기도 한다. 볼거리도 많고 먹을거리도 많지만, 좋은 공연이나 전시는 좀 적은 거 같아요. 나는 그런 말을 들으면서 좀 우스운 상황을 떠올리곤 한다. 초상집에 찾아와서 실컷 운 다음에야 비로소 물어보는 격이다. 그런데, 누가 죽었답니까?…. 스무 시간 동안에 스무 가지 음식을 정신없이 찾아다니다가 전주를 떠나면서 꼭 그런다. 이런 경우를 두고 전주사람들은 '새똥빠진다'고 말한다. 그렇다고, 죽은 건 옆집 개라고 아구뚱하게 대답할 수는 없는 노릇이니 그들을 위해서라도 전주 공연 몇 가지는 소개해야겠다.

우선 전북 브랜드 공연 〈춘향〉. 전라북도가 도 이름을 걸고 공연한다는 뜻이다. 이런 공연은 전북이 유일하다. 4월부터 12월까지, 월·화요일만 빼고 한옥마을 인근에 있는 전북예술회관에서 상설 공연된다. 심청이 그렇고 흥부놀부가 그렇지만, 춘향은 전라북도를 배경으로 탄생한 우리나라 사랑 얘기의 최고 걸작이다. 만약 로미오와 줄리엣처럼 비극으로 끝나는 얘기라면 사람들 가슴에 더 절절하게 배어들었겠지만 그건 우리 조상들의 로망이 아니다. 그렇더라도 전북에 왔으니, 한번쯤 춘향의 사랑을 엿보고 가야 하지 않겠는가?

국립무형유산원에서 펼쳐지는 공연과 전시들은 국내 최고 전통문화들이다. 곧 죽어도 '국립'이다. 나라 안의, 나라가 지정하고 보호하는 대표적인 우리 무형유산들을 감상할 수 있다. 설마 이런 공연들이 시시하다거나 볼품없다고 말하진 못하리라. 우리 명인들, 무형문화재들도 번갈아 만날 수 있는 곳이다. 때로는 외국의 문화를 선보이기도 한다.

또 하나는 한옥마을 야간 상설공연, 마당 창극이다. 대개는 5월에서 10월까지 주말에만 소리문화관에서 열린다. 수궁가 일부를 패러디한 〈아나, 옛다 배 갈라라〉, 심청가 한 대목 중 〈천하 맹인이 눈을 뜬다〉, 춘향전 중에서 〈해 같은 마패를 달 같이 걸어 메고〉 등이 지난 삼년 동안 계속 펼쳐졌다. 입장권을 소지한 사람들은 부채, 목판, 다례, 풍물 등 전통문화체험을 할 수 있으며, 공연 직전에는 막걸리와 두부김치, 파전 등의 잔치음식을 맛볼 수 있는 자리다.

물론 그걸로 다 끝나는 게 아니다. 전주는 그걸로 결코 다 끝나는 고을이 아니다. 당신이 묵게 될 어느 한옥업소에서도 공연을 준비해 놓고 당신을 기다릴지 모른다. 그것도 저것도 아니라면, 이제 정말이지 할 수 없다. 전주에는 전국 최대 사이즈를 자랑하는 아이맥스 영화관도 있다. 당장 검색해 보면 확인이 가능할 것이다. 이제 당신 새똥빠지게, 도대체 누가 죽었느냐고 묻지 않으려나?

TRAVEL NOTE

전주소리문화관 놀이마당에서는 매주 6월부터 10월 초까지 토요일마다 마당창극 공연이 열린다.
공연티켓을 구매하면 한 가지 전통문화체험을 무료로 할 수 있고, 잔치음식 도시락도 나눠준다.
공연 시작 전에 간단히 식사도 할 수 있어 좋다. 25,000원 티켓 가격에 체험과 공연, 식사가 포함
된 것이다. 공연 시간보다 미리 가서 줄을 서야 좋은 자리에서 공연을 관람할 수 있다.
공연문의는 전주소리문화관(063-231-0771).

누가 한옥을 레고처럼 틀로 찍어 지으려 하는가?

| 귀거래사

한옥 애기로부터 운을 떼야겠다. 귀거래사…. 이번에는 현대식 한옥이다. 귀거래사는 2012년 12월에 완공된 2층 한옥이다. 초현대식 한옥인 셈이다. 수천 년에 걸쳐 응축된 우리 전통의 한옥 건축기술이 현대에 이르러 어떻게 실용적으로 전승될 수 있는지, 또 얼마나 새롭게 변신할 수 있는지 잘 웅변한다. 전주동헌과 향교 인근에 있다.

날렵하게 솟은 지붕, 석회 벽면에 두루미와 기러기 참새 등을 제각각 그려놓은 벽화, 바깥 풍경을 감상하도록 배치한 2층 입구의 통 유리창, 한쪽 정원을 채운 오죽烏竹, 굽은 소나무 한 그루, 계단 난간의 거북 조각, 인물상을 새긴 굴뚝, 남쪽 담장의 벽화 등…. 길을 지나던 당신의 고운 눈길을 한번쯤은 사로잡기 충분한 가옥이다.

귀거래사는 2층에서 1층으로 내려오는 지붕들이 서로 겹쳐지면서 얼핏

보면 3층이나 4층으로 착시할 만큼 독특한 구조가 별스럽다. 전통양식인

팔작지붕과 맞배지붕이 서로 맞물려 있어서 한옥을 공부하는 이들에게

도 좋은 모델이 된다. 현대식 한옥이 거둔 의미 있는 성과라고 전문가들

도 평하고 있다.

높은 2층 처마를 지면에서부터 떠받들고 있는 두 개의 긴 기둥長柱도 특별히 언급할 만하다. 수덕사 무량수전처럼, 배흘림 방식으로 깎은 것이어서 우리 전통의 아름다움이 여기서도 재현됐다. 집을 둘러싼 담 역시 많은 이들의 눈길을 사로잡는다. 전통과 현대의 공법이 한데 어우러져 서로 배척하지 않고 조화를 이루고 있는 것이다. 집안이 아슬아슬하게 들여다보일 정도로 낮은 담은 분명 전통식이다. 그런데 본채 석회 벽에 맞춘 담벼락의 흰 벽면은 완연한 현대 방식이다. 기와조각으로 연속된 무늬를 새겨 넣은 문양도 그렇다. 하지만 전통 담처럼 우중충하지 않고 오히려 밝다. 새로운 감각이 성공했다는 얘기다.

자, 이제 돌아가자 (歸去來兮)
전원이 장차 황폐해지려고 하는데 어찌 돌아가지 않을쏜가 (田園將蕪胡不歸)
지금까지는 고귀한 정신을 육신의 노예로 만들어버렸다 (旣自以心爲形役)
하지만 어찌 슬퍼하고 서러워만 할 것인가 (奚惆悵而獨悲)

- 도연명 〈귀거래사〉 일부

도연명은 무릉도원 설화를 쓰기도 했다. 한옥마을 관점에서 보면, 고향으로 돌아간 그가 과연 이런 집을 지었을까 하고 고개를 갸우뚱할 수도 있다. 하지만 중요한 건 이 집이 현대인에 의한 현대인을 위한 현대인의 한옥이란 사실이다. 예컨대 처가와 측간은 멀수록 좋다는 속담이 있었다. 요즘 세대들이 들으면 분명 눈을 흘길 속담이리라. 귀거래사는 아예 처음부터 방마다 측간을 배치했다. 현대식은 그렇다. 처가와 측간이 가까울수록 좋은 법!

사내들은 자라서 가장이 되고, 가장이 되면 평생에 걸쳐서 집 한 채는 지어야 한다고 부모 세대들은 강조했다. 하찮은 물고기, 새, 짐승들을 봐도 먼저 집을 지어놓고 암컷을 유혹하는 터라, 인간 사내들의 강박증은 클 수밖에 없었다. 하지만 지금 주택관념은 많이 달라졌고, 아주 많은 세월이 흐른 다음에는 또 어떻게 변할지 모른다.

다른 의도가 나에게 없다. 획일화는 예술을 목 졸라 죽인다. 한옥의 경우도 마찬가지다. 전통보존지구가 아니라면 3층이나 5층 한옥도 이제 고려해봄직하다. 난립을 조장하려는 게 아니다. 젊고 참신한 미적 감각도 존중했으면 어떨까 하는 것이다. 한옥마을에 나름대로 그림 같은 집을 지으려 했던 이들의 원성을, 귀젖 날만큼 내 귀가 숱하게 들었다.

최근에 준공된 한옥이지만 우리 전통한옥 기준에 충실하게 맞춰 지어진 한옥 호텔 귀거래사
(010-9119-0307 | http://blog.naver.com/0307house)는 전망이 좋은 멋진 한옥 건물로
꼽힌다. 2층에 올라보면 300m 북쪽에 위치한 오목대가 손에 잡힐 듯하고, 동쪽으로는 200m
안에 있는 전주향교 마당이 훤히 내려다보인다. 전주천과 전주동헌, 완판본문화관 등과도 서로
이웃해 있다. 시스템 냉온풍기가 설치되고, 방마다 샤워실이 구비돼 있다. 투숙객 모두에게 전주
가정식백반이 무료로 제공되는데, 웬만한 한정식보다 정갈하고 맛나다고 말하는 이들이 한둘이
아니다. 육간대청이 1층에 있어서 단체 손님들이 머무르면서 각종 회의나 세미나 같은 행사를
열기에도 제 격이다. 1박 수용 인원은 최대 25명.

전주, 그 맛

맛난 것들을 추리고 또 추려서
여덟 가지로 한정하라

| 전주팔미

입이 호사를 누리게 되면 그간 입을 즐겁게 했던 놈들을 골라 순위를 매겨보고 싶어지는 게 인지상정이다. 전주팔미八味, 혹은 십미는 그렇게 생겨났을 것이다. 기린봉의 열무를 비롯해서 신풍리 애호박, 한내 민물게, 남천 모래무지, 선너머 미나리, 사정골 콩나물, 소양 서초西草, 서낭골 파라시, 오목대 청포묵이 그것이다. 당신은 이 맛난 것들 중에서 무엇을 먹으려는가? 그 맛을 기억이나 하시는지…. 아, 십미 안에 들던 소양 서초는 빼도록 하자. 별스럽게도 그건 소양에서 생산되던 잎담배다.

기린봉의 열무는 콩 밭둑에 나던 열무라고 한다. 무성한 콩에 치어서 연하고 가늘게 자라나는 열무였으니 입안에 넣으면 절로 녹는다고 했다. 설사 좀 질기다고 할지라도 초여름 열무는 입맛을 돋우기 마련인데 하물며 콕 짚어 고른 기린봉 열무 맛은 어땠을까?

애호박은 전주를 대표하는 음식 재료 중 하나다. 전주 처녀가 저 먼 동쪽으로 시집을 갔다. 때마침 호박이 크는 계절이라 새댁은 고향에서 늘 하던 대로 애호박을 따들고 집으로 돌아왔단다. 그런데 시어머니가 발끈하시더란다. 너, 미친 게냐? 좀더 기다리면 몇 배나 커질 텐데 이 무슨 해괴한 짓이냐? 신풍리는 전주 북쪽 송천동에 위치한 마을이다.

한내는 완주군 삼례읍 상류 부근 만경강을 말한다. 넓은 강변에 흰 자갈과 모래가 깔린 이곳은 물이 맑은 곳이었다. 민물 참게가 서식하기에 좋은 곳이었으니, 사람들이 잡아서 매운탕을 끓이거나 게장을 담가도 좋은 게 바로 그 참게였음은 두말할 나위도 없다. 옛 사람들은 그랬다고 한다. 한내 게 다리 한 쪽만 있어도 밥 한 그릇 거뜬하다. 진상품 명목으로도 올랐다고 전해진다.

남천의 모래무지는 전주천의 남천에서 잡히던 민물고기다. 이 명성으로 인해 한벽루 아래 민물매운탕집들이 지금도 성업하고 있다.

선너머 미나리는 서원 너머 미나리다. 예수병원 왼쪽으로 펼쳐진 산자락이 화산인데 그곳 화산서원 너머를 지칭한다. 하지만 오래 전에 개발되어 현재는 논도 밭도 남아 있지 않다. 명성 자자한 전주 미나리는 전미동과 삼천동 양지뜸 일대에서 명맥을 유지하고 있다.

콩나물에 대해서는 따로 말할 것도 없다. 전주콩나물은 지금도 전국 최고를 자랑한다. 이를테면 이렇게 비유할 수도 있다. 에스키모들이 눈을 구분하는 이름은 60여 가지가 넘는다고 한다. 그만큼 눈을 분별하는 안목이 탁월한 것이다. 전주사람들은 콩나물을 한 가지로 여기지 않는다. 키운 정도와 콩 종류에 따라 보통 대여섯 종류로 나눈다. 사정골은 지금의 교동 일대, 샘물이 좋아서 최고 품질의 콩나물을 길러낼 수 있었다고 한다.

파라시는 8월에 나오는 감, 팔월시八月枾를 일컫는다. 음력 8월이라고 하더라도 다른 종류의 감들은 아직 떫어서 입에 댈 수 없을 때다. 그러니 제철이 아닐 때 맛보는 기쁨, 간절함으로 더욱 맛있게 느껴졌을 것 같다. 서낭골은 서낭당이 있었던 전주고등학교 뒤편 언덕배기 일대를 지칭한다.

청포묵은 녹두로 만든 묵이다. '녹두꽃이 떨어지면 청포장사 울고 간다'는 바로 그 청포묵이다. 콩나물과 더불어 전주부성 백성들이 유난히 사랑한 게 청포묵이기도 했다. 이를테면 그게 빠진 비빔밥은 전주에서는 비빔밥 취급도 하지 않는다.

아쉬운 게 하나 있다. 전주팔미를 상표로 내세우는 식재료가 없다는 사실이다. 신풍리는 이제 애호박은 따지 않고 늙은 호박만 생산하는 걸까? 서낭골표 파라시도 구경한 적이 없고, 사정골표 콩나물에 대해서도 들어본 적이 없다. 이제 뉘라서 그 맛을 기억할꼬?

전주팔미 가운데 굳이 모래무지조림을 맛봐야겠다면 한정식집 수구정(063-284-4477)을
찾으면 된다. 떡 벌어진 한상차림을 받을 수 있는 한정식집은 전주 도처에 널려있다시피 한다.
궁중한정식을 하는 궁(063-227-0844)이나 호남각(063-278-8150), 행원(063-284-6566),
전라회관(063-228-3033)도 괜찮다. 행원에서는 식사 후에 판소리 한 대목이나 민요 등을
감상할 수도 있다. 음식의 양이 많아 4인 이상 가는 게 좋다.

배꽃 필 무렵이면 입맛이 도느니

| 전주수목원과 함씨네 밥상

전주에서 익산으로 나가는 길목에 전주수목원이 있다. 부지만 해도 6만3천여 평, 초목류만 해도 3천 종을 넘게 가꾸고 있다. 이곳은 원래 호남고속도로를 건설하다가 조성된 부지를 수목원으로 개발했다고 한다. 이 때문에 한국도로공사가 관리하는 비영리 수목원이기도 하다. 물론 입장료도 받지 않는다. 이런 곳을 놓친다면, 젊어서 당신이 자주 꽃을 대하지도 않은 채 비록 나이를 든다고 하더라도 어찌 나이 들었다고 할 수 있겠는가. 어라? 이건 중국식 허풍 수사법이다.

사실 수목원이라고 이름 붙여 운영하는 곳은 전국에 많다. 하지만 당신이 나에게 특별한 것처럼, 전주수목원만큼 각별한 곳은 많지 않을 것 같다.

이를테면 당신이 사랑하는, 물푸레나무를 아는 이들이 몇이나 될까? 당신은 물푸레나무 껍질과 잎을 물에 넣었다가 그게 파르스름하게 물드는

당신에게, 전주

걸 보고 어린 아이처럼 손뼉을 치며 즐거워했던 적이 있다. 전주수목원에
는 아직 그런, 당신이 환호작약할 나무들이 수없이 많다. 꽃댕강나무는
또 어떤가? 나뭇가지를 부러뜨리면 쇠토막을 때리듯 땡강 하고 소리를 낸
다 해서 붙여진 이름, 당신은 남들 모르게 가지 하나를 부러뜨리고 나서
그 소리에 깜짝 놀라 얼굴이 붉어지기도 했다.

바닥에 엎드려 꽃을 피우는 코딱지풀 같은 앙증맞은 것들부터 시작해서
물양귀비, 생이가래 같은 희한한 이름의 수생식물, 작은 관목들, 마로니에
같은 키가 큰 교목들의 숲까지 이곳에서는 잠시라도 지루할 틈이 없다.
다만, 기억했으면 한다. 3천 종이 넘는 꽃들마다, 나무들마다 당신 얼굴이
담겨 있다. 그래서 누구든 나와 같은 사랑을 새기고 싶거든 이곳을 찾으
라고 말하고 싶지만, 지금은, 내 코가 석 자다.

꽃들과 교감을 나누었거든, 그러니까 꽃잎 하나하나에 사랑하는 이를 새
겨 두었거든 이제 맞은편 길을 건너자. 옛적 고속도로 톨게이트가 위치했
던 곳이 지금은 가족공원으로 탈바꿈했다. 가족들이 텐트를 쳐놓고 삼겹
살을 굽거나 밤하늘의 별을 바라볼 수 있는 곳…. 전주 땅으로 단숨에 진
입하는 것보다는 옛적 점령군들이 그러했던 것처럼 당신은 하루쯤 거기
머물러도 좋을 것 같다.

가족공원 뒤쪽, 별을 보러 왔다가 당신이 불현듯 배꽃 과수원을 발견할
수 있기를 나는 희망한다. 거기 수만 평의 대지에 가득 핀 배꽃들은 당신
이 눈길 한번 주기를, 정말이지 겨우내 소망했을 것이다. 내가 당신을 향
해 늘 그러했다.

그 일대에는 식당 명소가 한 곳 있다. 슬로푸드 한식 뷔페로 인터넷에도
자주 등장하는 식당 '함씨네 밥상'이다. 함정희라는 손맛 좋은 여성이 개
업한 진정한 전주 밥집 가운데 하나다. 한식이, 혹은 한정식이 이렇게 변
신할 수도 있구나, 하는 느낌도 잠시 정갈한 밥상에 눈이 금방 휘둥그레
지고 만다.

'음식이 몸이라면 양념은 혈액이다'라는 게 이 집의 모토쯤 된다. 음식이 몸이라면 어디 양념만 그러할까? 맛은 가슴이, 영양은 심장이, 재료는 근육이, 정성은 영혼이 되는 식당이 바로 이곳이다. 전주의 전통적인 손맛 밥상을 현대식으로 완벽하게 승화시킨.

재료가 모두 유기농이고 특히 콩에 관한 한 최고의 품질로 최상의 음식을 만들어낸다고 식도락가들이 평가한다. 방금 전에 둘러본 전주수목원과 '함씨네 밥상'은 이렇듯 궁합이 잘 어울리는 명소가 됐다. 심심한 배꽃 과수원 밭둑에서, 다만 꿈에 지나지 않을망정, 당신과 나처럼….

TRAVEL NOTE

전주수목원은 한국도로공사에서 운영하며, 입장료는 무료다. 미리 전시회나 프로그램 등을 알아보면 더욱 알찬 시간을 보낼 수 있다. 8월에는 수목원 여름생태학교 등도 열린다. 함씨네 밥상(063-212-2112)에서는 오전 11시30분부터 오후 3시까지 점심만 먹을 수 있다. 건강한 유기농 밥상을 마음껏 먹을 수 있고, 함씨네 토종 콩식품을 구입할 수도 있다.

당신,

복숭아 때문에 예뻐졌다고 고백해도 좋으련만

| 전주복숭아

당신 혹시, 전생에 복숭아 과수원집 딸이었을까? 당신만큼 복숭아를 좋아하는 사람은 당신 이전에도 없었고, 당신 이후에도 없을 것 같다. 나는 당신 덕분에 복숭아에 대해서 참 많이도 알게 됐다. 전주복숭아가 세상 최고라는 사실까지.

그렇다. 전주복숭아는 나라 안에서는 물론, 그 원산지 중국까지 포함해서 세상 최고다. 나는 한때 중국에서도 살았을 정도니까 이 말은 믿어도 된다. 전주는 복숭아 재배를 처음 시작한 곳이기도 하고 전국 최대 집산지이기도 하다. 근대 복숭아 품종개량의 시발지始發地도 전주였다. 기껏해야 토마토 크기만 하던 재래종을 배보다 크게 개량했고, 조금은 비릿하고 쓰고 시던 맛을 아삭하고 달고 눈이 번쩍 뜨이는 걸작으로 바꿔 놓기도 했다. 돈 많은 전국의 부자들이 전주복숭아를 쓸어간다는 소문도 들리고, 전주에 연고가 있는 사람들을 찾아내서 복숭아를 구해 달라는 부탁도 끊이지 않는다고 한다. 해마다 7월 말이나 8월 초에 열리는 전주복숭아 명품 큰잔치에 들러 확인해 보라.

동방삭이 삼천갑자를 산 것은, 잘 알려진 대로, 서왕모西王母의 복숭아를 훔쳐 먹었기 때문이라고 했다. 복숭아가 제사상에 오르지 않는 이유도 불로장생의 동방삭 신앙 때문인 것으로 알려져 있다. 죽은 사람의 제사에 죽지 않는 사람의 과일을 올릴 수는 없다는 것이다. 아무리 많이 먹어도

탈이 없다는 속설도 있다. 실제로 복숭아는 간과 폐 기능을 보호하고, 기침과 가래에 특효를 보인다고 한다. 니코틴을 해독하는 효능도 탁월하다고 했다. 김용택 시인의 어머니 박덕성 여사는 나에게 복숭아를 깎아주면서 말씀하시기도 했다. 만일 복숭아가 없었더라면 담배 피우는 사람들은 진작 다 죽었을 것이라고….

전주 관내만 해도 복숭아 농가는 450여 가구에 이른다. 생산량만 해도 연간 4천 톤, 그게 4백만 킬로그램에 이르거니 봄이면 전주 인근이 온통 흐드러진 복사꽃 천지요, 여름이면 그 수밀도 향이 지상에 낭자할 것임은 새삼 말할 나위도 없다. 아, 수밀도! 향은 비록 뛰어날망정 수분이 많은 그런 품종을 당신은 좋아하지 않았다. 황도나 미백, 백천 같은 이름의 복숭아를 물렁이라고 부르기도 했다. 그 대신 과육이 단단한 품종들, 이를테면 월미, 경봉, 아부백도만 선호했다. 편하게 그냥 딴딴이라고 불러주면서.

뭐랄까 이 기분, 널 보면 마음이 저려오네. 뻐근하게
오, 어떤 단어로 널 설명할 수 있을까? 아마 이 세상 말로는 모자라….

– 아이유 노래 〈복숭아〉 일부

복숭아문학상 얘기를 들은 적이 있다. 누구나 응모할 수 있지만 그 소재는 복숭아에 한정한다고 했다. 복숭아가 미인을 만든다는 소문이 벌써 다 퍼진 모양이다.

하지만, 나는 요즘 복숭아 과수원 근처에도 가지 못한다. 복숭아 알레르기가 새로 생긴 탓이다. 그 달디단 복숭아를 한 입만 깨물어도, 당신 생각에 숨이 컥 막히고 마는 알레르기가….

TRAVEL NOTE

여름이 되면 복숭아 출하 시기에 맞추어 이틀간 '전주명품복숭아 큰잔치'가 열린다.
이 복숭아축제에서는 가요제, 각종 공연과 더불어 복숭아직거래 장터도 열린다.
다양하고 품질 좋은 복숭아를 산지 가격으로 구입할 수 있다. 축제 날짜가 매해 달라지므로,
미리 일정을 확인해야 한다. 축제일정이 길지 않다. 단 이틀간 진행되므로 서둘러야 한다.
문의처는 복숭아큰잔치 추진위원회(063-230-6733~4).

가맥, 술이냐 안주냐 아니면 장맛이냐?

| 가맥집 이야기

가맥은 전주만의 독특한 음주문화 가운데 하나다. 가게 맥주를 줄여서 가맥이라고 한다. 다른 상품은 말고 맥주나 소주를 팔던 실내 포장마차 같은 자리에서 시작되었다. 애호가들이 즐겨 찾는 갑오징어, 황태, 계란말이 등을 주된 안주로 제공하는데 유명 가맥집은 늦은 밤까지 손님들로 넘쳐난다. 실내에 마실 자리가 부족하면 길거리에 의자를 내놓고 마시는 일도 기꺼워할 만큼 인기가 높다.

도대체 가맥의 무엇이 손님들을 이토록 호객하는 걸까? 막걸리라면 몰라도 대한민국 어디나 대량생산으로 공급되는 맥주와 소주 맛이 똑같을 테니까 술 때문은 아닌 게 분명하다. 그렇다면 안줏감일까? 그럴 수도 있다. 맛난 안주는 그 자체로 충분히 술을 부르기도 할 것이다. 일 년이면 두세 차례, 이들 유명 가맥집은 강원도며 서해안 산지에서 대형트럭으로 안줏감을 실어온다고 하는데 그 모습도 장관이라는 말을 풍문으로 들은 적이 있다.

바삭거리게 구운 노란 황태구이, 그리고 한 끼 식사를 서너 명이 해결할 만한 양의 계란말이도 일품이지만 무엇보다 가맥의 최고 안주는 역시 갑오징어 구이다. 주문이 들어오면 갑오징어를 연탄불에 일차 굽는다. 그런 뒤 부드럽게 만들기 위해 대장간에서나 쓸 법한 모루 위에 그걸 올려놓고는 쇠망치로 꽝꽝 찧어댄다. 여간 두드려서는 잘 풀어지지도 않는 게 갑오징어라서 망치질은 쉼 없이 계속된다. 이런 정경이 아마도 술맛을 자극할 것이다.

하지만 갑오징어든 황태구이든 안주를 더욱 맛나게 만드는 건 역시 소스, 곧 장맛이다. 한약재나 멸치 다시마 등을 넣고 팔팔 끓인 걸쭉한 간장은 집집마다 비법으로 전해진다고 한다. 젓가락으로 조금 찍어 맛을 보면 달짝지근한 향미가 여간 입맛을 돋우는 게 아니다. 혀와 목구멍이 벌써부터 술을 부르기 시작한다. 그 간장에 매운 청양고추를 썰어 넣고 참깨를 듬뿍 넣고, 마요네즈 한 술을 얹은 것이 이들 가맥집의 최종 소스다.

외지인들은 더러 간장소스만 좀 따로 팔 수 있느냐고 묻기도 하는 모양이다. 하지만 내가 알기로는 그걸 팔아도 될 만큼 여유가 있지는 않을 것이다. 하루에 준비해 놓은 양으로는 손님 접대에도 빠듯하기 때문이다.

요즘은 가맥이 많이 생겨났지만 전주 원조 가맥으로는 70년대 중앙로 서문 쪽에 있던 영광슈퍼를 꼽는 이들이 많다. 하지만 지금은 사라지고 없다. 지금 전주를 명실상부 대표하는 가맥이라면 전일슈퍼라고 할 수 있는데 동문사거리 북쪽 관통로 건너편에서 성업 중이다.

전일슈퍼와 쌍벽을 이룬다는 초원슈퍼는 옛적 전북도청에 근무하던 직원들이 주로 찾으면서 유명세를 탄 곳이다. 위치도 옛 도청사에서 풍남문으로 가는 길목에 있다. 〈님아 그 강을 건너지 마오〉, 무려 5백만 관객을 울게 만들었던 그 영화, 진모영 감독 부부를 내가 지난 겨울 처음 만나서 가맥을 마신 곳도 초원슈퍼였다. 이밖에도 전주한지문화센터 인근의 영동슈퍼도 TV에 여러 차례 소개되어 외지인들이 즐겨 찾는 곳 중 하나가 됐다. 특히 닭발을 튀겨서 내놓는 독특한 안주가 별미다.

술은 이태백 주태백이 아닌 이상 홀로 마실 일이 아니다. 나는 자주 홀로 독주獨酒할망정, 당신은 강하니까, 먼 훗날에라도 이른바 키친 드링커가 될 일은 없을 것이다. 가맥에 삼삼오오 모여 앉아 얘기꽃을 피우며 흥겹게 마시는 이들을 보면서 그런 쓸데없는 걱정을 해본 적도 있다. 아, 연락한번 없이, 당신은 인내심이 강한 사람임에 틀림없다.

가맥은 와자지껄 더불어 마시기에 좋은 곳이다. 전주 가맥이 유명해진 건 그 때문일 것도 같다. 흥겹게 마시다보면 시름조차 어언 사라진다. 세상 그 어떤 시름이든.

전일슈퍼(063-284-0793)는 '전일갑오'라고도 불린다. 연탄불에 구운 갑오징어의 유명세 덕에
간판에도 '전일갑오'라고 쓰여 있을 정도. 영동슈퍼(063-283-4997)는 닭발튀김과 함께 고추치
킨이 유명하다. 기맥의 메인메뉴는 포장도 가능하다. 그러나 허름한 가게에서 뜨뜻할 때 바로 먹어
야 분위기도 맛도 제대로 느낄 수 있다. 연휴나 축제기간에는 포장 손님도 많다.
기다리는 줄이 길 수 있으니, 인내심을 발휘하자.

맛집 여행의 성지에 뜬 소바

| 메밀국수집 다섯

여기 당신이 좋아하는 음식이 있다. 소바! 벌써 젓가락부터 챙겨들고 나설 당신 모습이 눈에 어린다. 메밀국수라고 부르자고 한 지 오래지만, 당신이 이따금 그걸 잊고 소바라고 외치는 여름 음식 말이다.

전주 인근 농촌, 넓게는 호남 전체 지역에서는 사실 메밀이라는 농작물을 많이 가꾸지는 않는다. 메밀은 토양이 척박한 산간 지역에서 많이 키우는 작물이어서 땅이 기름진 호남에서는 수익성이 높은 다른 곡물 대신 굳이 메밀을 심을 이유가 없었던 것이다. 그래서 〈메밀꽃 필 무렵〉 같은 제목의 소설은 전라도에서는 결코 나올 수조차 없다. 벼꽃이나 녹두꽃 필 무렵이라면 몰라도….

하지만 메밀 요리에 대해서라면 얘기가 조금 달라질 수도 있다. 전주가 어딘가? 유네스코가 지정한 음식창의도시다. 음식창의도시라는 호칭은 그냥 도시들마다 선심으로 막 뿌려주는 배급 훈장이 아니다. 전주는 세계에서 네 번째로 유네스코 음식창의도시가 됐다. 국내에서는 물론 유일하다. 바로 그러한 손맛을 보유하고 있는 곳이라서 전주의 음식 장인들은 오랜 세월 동안 자신들과는 별다른 인연도 없었던 메밀국수를 참으로 가상하게 맛있는 음식으로 만들어낼 수 있었다.

식도락가들이 꼽는 전주의 대표적인 메밀국수집은 다섯 곳 정도다. 메밀국수 애호가들은 이들을 일러 심지어 5대 천왕이라는 표현까지 마다하지 않는다. 너무 심한 과장일 수도 있으므로 그저 '소바 바보들' 얘기라고 치부할 수도 있으나···. 중앙동 웨딩거리 끝나는 곳쯤의 서울소바, 한옥마을 남쪽 전주교 인근 진미집, 생활의 달인에도 소개된 금암소바, 진북광장교 차로 근처 태평집, 팔달로 은행 밀집 지역에서 가까운 가본집이 그곳이다.

이들 소바 맛은 집집마다 다 다르다. 면발이야 혀가 예민한 사람들을 제외하면 그 차이를 구별해내기 힘들겠지만 국물만큼은 누가 맛을 보더라도 천양지차다. 달거나 진하거나 구수하거나 깔끔하거나 담백하거나…. 그래서 입맛에 따라 평가도 달라진다. 만약 백 사람을 상대로 설문조사를 한다면 5대 천왕이 아니라 100대 천왕이 생겨날 수도 있을 것이다.

전주가 대구, 밀양 등과 더불어 우리나라에서 손꼽히는 여름철 무더위 때문에 혹시 찬 음식인 메밀국수가 발달한 것일까? 그럴 수도 있을 것 같다. 무더우면 아무래도 찬 음식을 즐겨 찾을 테니까 말이다.

그렇게 보면 냉면도 예외는 아니다. 북한의 두 군데 냉면을 대표하는 함흥냉면과 평양냉면을 각기 표방하는 전문 냉면집도 일일이 예거할 수 없을 만큼 전주에는 많다. 어디 냉면뿐이랴. 우리 전통음식인 오이냉국은 여름날 전주의 일반 가정에서는 김치처럼 빠뜨리지 않는 음식 가운데 하나다. 다른 지역에서는 그 이름도 생소할 싱건지도 마찬가지다. 겨울 동치미와 더불어 봄철부터 이미 밥상에 오르는 싱건지! 그리고 각종 재료로 다양하게 만들어지는 냉채도 전주가 사랑하는 음식 가운데 하나다.

전주 음식은 사실 깔끔한 맛보다는 진하고 자극성이 있는 음식 축에 든다고 할 수 있다. 양념이 풍성하고 또 자신도 있으니까 고춧가루도 마늘도 생강도 멸치도 듬뿍 넣어 끓인 음식, 거기에 화려한 고명까지 얹어서 내놓는 터라 한번 맛들이면 그 깊은 맛에서 헤어 나오기 어려워진다. 그래서 심심한 음식들을 별도로 만들어 조화를 꾀하기도 했으리라. 앞서 든 음식들은 대부분 여름 별미들이다. 심심해질 필요가 있는 음식들인 셈이다.

이미 전주를 떠난 당신, 그리워지는 게 단지 입맛뿐인지, 나는 차마 묻지 못하겠다.

TRAVEL NOTE

전주의 메밀소바는 주로 커다란 면 사발에 나온다. 판소바처럼 조금씩 적셔 먹기보다는 콩국수나 물냉면처럼 전체를 말아서 휘휘 저어 먹는다. 메밀국수와 함께 많이 먹는 콩국수도 전라도 식이다. 전라도에서는 콩국수에 주로 설탕을 넣는다. 만약 설탕을 넣은 콩국수가 입맛에 맞지 않는다면 주문할 때 미리 말해야 한다. 서울소바(063-284-3879), 진미집(063-276-4020), 금암소바(063-278-0945), 태평집(063-255-2252), 가본집(063-284-4602).

여기 또 하나, 전주 참맛이 기다리고 있나니
| 한벽루 오모가리탕

오모가리는 전라북도만의 순수한 사투리다. 국어사전에 따르면 뚝배기의 방언이라고 적혀 있다. 하지만 뚝배기의 방언으로는 투가리를 꼽을 수 있을지는 몰라도, 오모가리는 아니다. 오모가리는 뚝배기와는 형태가 조금 다르다.

뚝배기는 그 단면 모습이 위아래 길이가 다른 평행사변형 같은 질그릇인데 비해 오모가리는 안쪽을 더 오목하고 둥그렇게 판 형태의 옹기다. 속이 아늑한 그릇이라고 할 수 있다. 같은 크기라 할지라도 양쪽에 담기는 음식의 양이 조금이나마 달라질 게 확실하다. 이게 바로 전주의 마음이다. 그러니 당신, 뚝배기보다는 오모가리에 음식을 담아주는 곳을 애써 찾아갈 필요가 있다.

전주에서 오모가리는 민물고기 매운탕을 담는 전용 그릇이다. 그래서 민물 매운탕을 그냥 오모가리탕이라고들 말한다. 한벽당과 전통문화관 사이 천변에서 한벽집, 남양집, 김제집, 화순집 네 곳이 다 유명했다. 전주 남천에서 잡히던 모래무지가 전주팔미에 들 만큼 맛이 좋았다고 하는데, 지난 칠팔십년 대까지만 해도 그 모래무지로 탕을 끓여주던 매운탕 전문점들이었다. 지금은 모래무지가 남천에 살고 있을망정 천연기념물에 가깝도록 귀하신 몸이 돼서 감당이 되지도 않을 뿐더러 아예 잡지도 못한다. 그 사이 문을 닫은 집도 생겨났다.

쓴 나물 데온 물이 고기도곤 맛이 이셰

초옥 조븐 줄이 긔 더욱 내 분이라

다만당 님 그린 탓으로 시름계워 하노라

송강 정철의 시조다. 나물만 삶은 물은 너무 써서 마실 수 없는 법이다. 더구나 송강 같은 처지라면 어쩌다 배탈이라도 났으면 몰라도 쓴 나물 국물을 마시지는 않았을 것이다. 그리고 배탈이라면 음식이 맛있게 느껴질 리도 없다. 그러니 이 말 뜻인즉슨 민물고기와 무청 시래기를 넣고 끓인 매운탕을 먹다보면 고기도 고기지만 국물이나 시래기가 훨씬 더 맛있더라는 애교 쯤 되는 걸로 받아들이면 될 것 같다. 오모가리탕을 한번이라도 맛본 사람들에게는 굳이 이런 주석이 따로 필요 없을 텐데….

메기탕과 쏘가리탕, 피라미탕, 빠가사리탕, 그리고 이런저런 고기를 섞은 잡어탕까지 매운탕은 대여섯 종류다. 빠가사리는 동자개의 사투리로 '빠각빠각' 소리를 낸다고 해서 붙여진 이름이다. 가시가 있는 식물들의 꽃이 대부분 곱고 또 식용으로도 가능한 것처럼, 지느러미에 가시가 달린 빠가사리도 아주 맛있는 물고기로 꼽는다.

고은 시인은 전주의 민물 매운탕을 누구보다 즐기는 식도락가 중에 한 사람이다. 술꾼들이 2차, 3차에 이르러 입가심한다고 맥주를 마시러 가듯 그는 설혹 전주의 대표적인 궁중 한정식을 들었다고 하더라도 매운탕 집을 기필코 또 찾아간다. 그래야 속이 편안하다는 것이다. 거기 안쪽 옴팡한 방에 들어가 소주를 시킨 뒤에야 그의 얘기도 더욱 활기를 띠기 시작한다. 나는 앞으로 이병천한테 귀의歸依할란다! 그런 무서운 취중취언을

들은 것도 거기였다. 그의 시가 물고기처럼 매끄럽고 유연한 건 전주 매운탕 덕인지도 모른다. 다음에는 한번 여쭤봐야겠다.

송강이나 고은뿐 아니라 전주 저 저명한 김용택, 안도현 시인도 생선 앞에서는 사족을 제대로 쓰지 못한다. 김용택은 원래 민물 쪽이고 안도현은 바다 쪽이지만 설사 그게 아니더라도 상관하지 않는다. 당신도 그랬다. 이제 보니 당신, 시를 썼더라면 좋았을 것을….

TRAVEL NOTE

오모가리탕으로 유명한 한벽집(063-284-2736)과 화순집(063-284-6630), 남양집(063-284-1912)이 전주천을 바라보며 나란히 붙어 있다. 세 곳 모두 외관이 깔끔하거나 화려하지는 않다. 그러나 민물매운탕 맛은 끝내준다. 한번 맛보면 그 맛에 중독되어, 비빔밥이나 콩나물해장국 대신 오모가리탕으로 전주를 기억하게 될 것이다. 특히, 무더운 여름 날 가게 밖 평상 그늘에서 땀 뻘뻘 흘리며 먹는 매운탕 맛은 오래도록 잊지 못할 것이다.

그냥 흰 백반도 좋고 비벼서도 좋아라

| 가정식 백반과 비빔밥

전주 가정식 백반의 특징이 무엇일까? 우선은 국이 있어야 한다. 미역국이든 무국이든 콩나물국이든 그건 상관이 없다. 그리고 찜이나 혹은 찌개가 따라야 한다. 국이 있으므로 물이 풍덩하지 않도록 자작자작 지짐을 한 것으로 대개는 김치찌개나 청국장 된장찌개, 생선찌개가 주를 이룬다. 국을 미처 준비하지 못했을 때는 찌개가 최소 두 종류는 돼야 한다. 무를 넣고 빨갛게 요리한 고등어찌개는 전주 가정식 백반에는 거의 빠지지 않는다.

젓갈 몇 개도 절대 빠질 수 없다. 조개젓과 황석어젓은 그 중에서도 으뜸이다. 음식을 아껴볼 요량으로 짜게 내면 아주 곤란하다. 그래서 조개젓은 물에 한번 헹군 뒤 양념을 가미해야 한다. 황석어는 조기 새끼를 일컫는데, 밥이 뜸들 즈음에 접시에 담아 올린다. 그러면 밥물이 넘치면서 그 기운으로 어린 황석어가 익는데, 전라도 밥상의 특징 가운데 하나가 바로 그것이다.

마른 멸치도 주된 반찬 가운데 한 자리를 차지한다. 그냥 볶거나 무치는 건 아니다. 불에 구워서 내는 것인데, 그놈들을 찍어먹을 간장을 별도로 만들어야 한다. 생 간장에 들기름을 치고 매운 고추를 썰어 올려도 충분하긴 하다. 식도락가들은 구운 멸치를 마른 김에 싸서 간장을 찍어먹곤 한다. 그것도 전주 별미다. 밥상에 김치는 빠질 수 없을 테고, 여름에는 싱건지나 냉채, 겨울에는 동치미가 한 자리를 차지한다. 그리고 제철을 맞이한 채소나 나물, 그게 반드시 더해지는 상차림이다.

그쯤이면 됐다. 충분하다. 남부시장 한가운데 틀어박힌 '정집'이 그런 곳 가운데 하나다. 덕진연못 무넘기가 있는 곳, 옛적 물맞이를 하던 그 기슭에 자리한 '옴팡집'도 그렇다. 그런데 문제는 이들 식당이 우리 전통처럼 좁고 또 허름해서 점잖은 손님들을 이끌기에는 좀 주저될 수 있다. 전주 사람들이 끼리끼리 어울리기 좋은 곳이다.

이제 전주비빔밥 차례다. 비빔밥은 비행기 기내식으로 등장한 지 이미 오래고 우주 비행사들의 우주식으로도 개발된다는 얘기를 들었다. 밥과 채소, 그리고 양념이 한데 섞인 참으로 균형 잡힌 간편한 영양식이 아닐 수 없다. 입맛이 없을 때 밥을 물에 말아서 삼키는 건 건강에도 좋지 않다. 비벼라. 비벼야 당신, 입맛이 산다.

전주에는 숱한 비빔밥집들이 저마다 독특한 맛을 자랑한다. 내 경우에는, 우리 할머니가 큰 양푼에 비벼서 맛보라고 하던 그 비빔밥이 세상 최고였던 것처럼 누구에게나 비빔밥의 맛이 다 같지는 않을 것이다.

'가족회관'과 '성미당'은 각각 향토전통음식점 전라북도 1-1호, 1-2호로 지정된 유서 깊은 식당이다. '가족회관'은 중앙동 번화가 2층에 자리하고 있다. 비빔밥과 더불어 제공되는 계란찜을 비롯한 각종 밑반찬이 화려하다. 가족회관 맞은편 골목의 '성미당'은 런닝맨이라는 TV 예능프로그램을 통해 알려졌다. 비빔밥도 비빔밥이지만 개업 초기에는 팥죽 깨죽 잣죽 등으로 유명했던 곳이니 가능하면 그런 음식들도 한번 맛볼 것을 권한다.

비빔은 대동사상과 화합 정신의 행위를 상징한다. 둘 다 비극으로 끝난 일이지만 오래 전 전주 선비 정여립의 대동사상이 그러했고, 동학의 정신도 거기서 멀지 않았다. 종교의 화합을 도모하는 세계 종교순례대회가 전주에서 열리는 것도 이와 무관하지 않다. 전주비빔밥이 유명해진 건 결코 그냥 어쩌다가 그렇게 된 게 아니다. 그 사상과 정신이 자연스럽게 매일 먹어야 하는 흰 밥에 스며들어 비빔밥을 낳았던 것이다.

아, 비빔이여. 우리 몸에도 와서 깃들라. 당신과 나, 천년만년 비빔으로 살고지고.

전주식 백반을 굳이 구경해야겠다면 옴팡집(063-275-6267)이나 정(010-6678-5770)을
찾을 필요가 있지만 일반적으로는 구 전북도청 앞쪽에 나란히 늘어선 백반집들을 찾아보는 게
확실하다. 옛적 전북도청의 입맛 까다로운 공무원들이 주로 찾던 곳이니 만큼 맛은 이미 검증된
곳들이다. 반찬 가짓수가 무려 22~25개쯤 되니까 놀라지 않도록 미리 마음을 단단히 먹고 찾는
게 좋다. 1인 식사비는 6~7천원 선이다. 한밭식당(063-284-3367), 지연식당(063-288-
8272), 죽림집(063-284-4030), 한국식당(063-284-6932) 등.

비빔밥이라면 성미당중앙점(063-287-8800), 서신점(063-273-0029)이나 가족회관(063-
284-2884), 종로회관(063-288-4578), 고궁전주본점(063-251-3211) 등을 많이 찾는다.
전주비빔밥은 11,000~12,000 정도이고, 육회비빔밥은 조금 더 비싸다. 보통 비빔밥을 비빌
때는 젓가락으로 살살 비벼야 한다. 그래야 밥이 으깨지지 않는다. 하지만 전주비빔밥은 숟가락
으로 비빈다. 사골국물로 밥을 하기 때문에 밥알이 부스러지거나 으깨지지 않는다.
요즘은 전주비빔밥이 젊은이들의 기호에 맞게 컵비빔밥, 믹스밥, 비빔볼 등으로 재탄생되기도
한다. 그야말로 전통의 무한변신이다.

야시장의 겨울 밤참은 오지기도 하지

| 남문 야시장, 피순대

밥이 솥 안에 조금 남아 있고 찬장에는 먹던 김치가 있고 고추장뿐이다.

허름한 양은냄비에다 참기름을 두르고 밥과 고추장과 김치를 넣어 비비면서 볶는다.

그대로 숟가락 여러 개를 꽂아서 냄비채로 들고 방으로 돌아오면 형제들이 저마다 달

려들어 퍼먹는데

밤참의 그 맛이란 세 끼 중에 가장 특별한 맛이다.

– 황석영 〈맛 따라 추억 따라〉 일부

혹시 당신, 당신이 나를 잊듯 밤참의 맛을 잃지나 않았는지 모르겠다. 그
냥 땅굴에서 막 캐 온 차디찬 무나 고구마를 비롯해서 동치미, 묵, 군밤,
삶은 계란, 옥수수, 곶감, 수루미, 식혜, 개떡, 호빵, 호떡, 찹쌀떡, 맹감떡,
가래떡, 국수, 팥죽, 메밀묵, 김치전 등으로 입을 달래던 그 밤참….

최근 들어 전주에 명소가 하나 추가되었다. 남부시장 야시장이다. 풍남문의 오른편으로 펼쳐진 곳이 남부시장인데 일찌감치 철시되기만 하던 곳에서 휘황하게 불을 밝히고 시장을 열기 시작했다. 밤이 되어 입이 궁금해지는 관광객들에게 밤참거리를 제공하기 위해서다. 겨울은 밤이 길어서 그냥 잠을 청하기는 몹시 어렵다. 그리움이란 것도 그렇긴 하지만.

동짓달 기나긴 밤 한 허리를 버혀 내어
춘풍春風 니불 아래 서리서리 너헛다가
어론님 오신 날 밤이여든 구비구비 펴리라

– 황진이 시조

입이 영 궁금해서 전전반측, 누워서 몸을 뒤척거릴 필요는 없다. 그런다고 해서 황진이처럼 동짓달 기나긴 밤 허리를 잘라낼 수도 없다. 그냥 남부시장 한번 다녀오면 된다. 그곳에는 이미 당신처럼 유혹을 이기지 못한 사람들로 인산인해다.

왜 진즉 이곳에 오지 못했던가, 하고 전주시민들도 비로소 남부시장 야시장을 다녀온 뒤에야 후회하더라는 얘기가 들린다. 땡초김밥도 팔고, 붕어빵처럼 구운 비빔밥구이도 판다. 술로 만든 아이스크림도 '아이술크림'이라는 이름을 내걸어 성공했다. 다문화가정에서도 참여해서 중국 베트남 필리핀 태국 터키 등지의 음식도 맛볼 수 있으며 소규모 전시회나 음악회, 공연 등도 즐길 수 있다. 심지어 공예품을 파는 상점, 사진관, 네일아트 가게까지 문을 열었다. 기존 상점 35곳과 이동 매대 35곳을 합쳐 70개 매장이 백 미터 안에 다 있다.

조선 3대 시장의 하나였던 남부시장은 대형 마트와 기업형 슈퍼마켓으로 고사 직전까지 몰렸다가 이처럼 화려하게 부활했다. 안전행정부가 주관한 야시장 시범사업이 멋들어지게 성공한 것이다. 이 때문에 동절기를 지나 하절기에도 야시장을 열 계획이라고 한다. 여름에는 오히려 한 시간을 더 연장해서 영업시간이 자정까지라고 한다. 시민과 관광객들이 원하면 주말뿐만 아니라 매일 상설로 운영할 것이라는 소식도 들린다.

야시장을 들렀다가 돌아오는 사람들은 꼭 또 다른 고민에 휩싸인다. 밤참을 너무 많이 먹어서 쉽게 잠을 이룰 수 없다는 고민이 그것이다. 나도 분명 그랬다. 맛보기로만 시식했던 음식만으로 배가 불렀다. 그래도 동짓달의 밤은, 황진이만큼, 길었다.

TRAVEL NOTE

'조점례 남문피순대(063-232-5006)'집이 가장 유명하지만 전주 식도락가들의 평가는 제각각이다. 남부시장 안의 피순대 가게들이 그만큼 독특한 맛을 자랑하고 있다는 뜻이기도 하다. 피순대는 깻잎에 싸 먹으면 훨씬 맛있다. 남문시장 안에 있는데 늘 피순대를 사기 위해 사람들이 줄을 서서 기다린다. 이 집의 유명세 때문에 주변에도 피순대 집이 몇 군데 더 생겼다. 줄이 너무 길면 다른 피순대집으로 가도 좋다. 대부분 맛있다. 야시장에는 가운데 통로에 푸드트럭이 한 줄로 줄지어 서 있다. 철판 아이슬크림, 불곱창갈비 등 다양한 먹을거리를 맛볼 수 있다.

음식으로 자손 목숨을 구하려 했던
전주 어미들의 지혜

| 모주와 황포묵

모주로 만든 모주아이스크림이 전주를 찾는 젊은이들에게 인기라고 한다. 생각해 보면 충분히 그럴 만도 하다. 몸에 좋다는 한방 재료가 다 들어가기 때문이다.

본래 모주는 어미의 술이다. 전주의 어미들이 자식을 위해 만들어주는 술이라는 뜻이다. 더 나아가서는 숙취로 인해 고통을 겪고 있는 아들의 위장을 달래주려는 술이다. 그러니 술이라기보다는 약에 가깝다. 만드는 방법과 재료만 봐도 그걸 알 수 있다.

막걸리에 우리나라 4대 기초 한약재로 꼽을 수 있는 감초, 생강, 대추, 계피 등을 넣고 하루 이상 끓여낸 게 전주 모주다. 물론 인색하게 그 기초 한약재만 넣고 끓이는 전주 어미들은 없다. 인삼이나 당귀, 칡뿌리 등 몸에 좋다는 또 다른 재료들까지 듬뿍 넣어 약 기운이 우러날 때까지 끓이는 것이다. 그러다보면 술 성분은 거의 다 날아가고 알코올 도수 1% 미만의 술 아닌 술이 탄생한다. 뱃속이 뒤집히는 아침마다 나를 구한 게 그 모주였다.

전주 모주는 참으로 어여쁘다. 이제 당신이 그걸 한 잔 들이키기만 하면 된다. 시간이 여의치 않거든, 한옥마을에서 판매하는 앞서 그 모주아이스크림을 깨물어도 될지 모르겠지만 전주사람들은 그렇게 하지 않는다. 전주에서 마신 술은 전주에서 풀어야 한다는 상식을 인정한다면, 전주 술꾼들의 방식을 따르는 게 좋을 듯하다. 모주는 웬만한 콩나물국밥집에서는 다들 만들어 파는데, 그 집의 국밥과 함께 곁들이는 게 으뜸이다. 국밥도 그 집만의 독특한 방식, 모주도 그 집 주모만의 개성적인 철학으로 만들어지기 때문이다.

황포묵도 전주가 만든 가상한 음식 가운데 하나로 꼽힌다. 황포묵은 녹두를 쑤면서 치자를 넣어 노랗게 만든 묵이다. 녹두가 주재료이기 때문에 그냥 쑤기만 하면 푸르스름한 색이 나올 수밖에 없는데, 이 단계의 묵은 따로 청포묵이라고 한다.

녹두꽃이 떨어지면 청포장수 울고 간다! 전주에 와서 당신이 무엇을 먹든 또는 무엇에게 눈길을 주든, 이 동요를 항상 염두에 두는 게 좋을 듯싶다. 전주 문화를 이해하는 키워드가 될 수도 있기 때문이다. 동학혁명 직후 전라도 일대는 말 그대로 쑥대밭이 되고 말았다. 살아남기 위해서는 무슨 짓이든 해야 했으리라. 어쩌면 청포묵 하나도 맘 놓고 쑤어먹지 못했을 것이다. 청포라면 괜한 의심을 살 수도 있는 노릇이었다. 그때 우리 할머니들은 식구들의 생명을 지켜내기 위해 청포에 치자를 넣어 황포묵을 만들었던 건 아닐까? 아마 분명 그랬을 것이다.

당신과 나는 그렇게 해서 목숨을 보전한 조상들의 자손이다. 그 인연을 지금도 모르시겠는가? 헌데 전주에서는 황포묵을 비빔밥의 재료나 다른 음식에 얹는 고명 정도로나 쓰고 만다. 나는 그게 늘 안타까웠다. 차라리 내가 황포묵 전문점을 개업해 버릴까? 맛도 영양도, 해독에도 탁월한 식재료이니 아예 황포 묵무침이나 황포 묵국수를 팔러 나서볼까?

물짜장과 가게맥주 등도 전주가 처음 개발한 음식들로 인정된다. 몇 년 전만 해도 전주 개발 4대 음식이라고 하더니, 이제 상추튀김이 더해져서 5대로 꼽는다. 여기에 모주아이스크림을 빼놓을 수 없다면 6대, 콩나물잡채를 더하면 7대, 물갈비까지 8대, 올해 안에 전주 개발 10대 음식이 등장할 게 틀림없다. 아, 맞다. 전주는 국제음식창의도시다.

상추를 튀겨서 도대체 어쩌자는 건지 사람들은 의심한다. 그 선입견을 한 판 뒤집기로 멋지게 바꾼 게 바로 상추튀김이다. 나는 여기서 그 방식에 대해 다 까발릴 생각은 추호도 없다. 당신이 와서 직접 주문한 뒤에야, 당신은 틀림없이 배시시 웃음 짓고 말 것이다. 당신 그 미소를, 모든 상추가 다 튀겨지는 날까지라도, 그저 나는 하염없이 기다려야겠다.

TRAVEL NOTE

모주는 과연 술인가? 아닌가? 콩나물해장국밥집에서 팔고, 아침에도 먹는 술? 알콜 도수는 1%?
누군가는 술인 줄 알고 먹었는데 술이 아니더라고 말하고, 누구는 술이 아닌 줄 알고 먹었는데
술은 술이더라고 말한다. 그러나 술이든 아니든 대부분 그 맛에는 감동한다.
전주를 들렀다 가는 사람들 중 많은 이들이 기념품이나 선물용으로 많이 산다.

콩나물국밥은 갸륵하다. 또한 기특하다 일러라
| 전주콩나물국밥

미안하다

미안하다

나 같은 게 살아서 오일장장터에서 국밥을 다 사먹는다

– 고은 〈오일장장터〉 전문

고은의 시에서 국밥은, 가장 하찮은 음식이면서도 동시에 가장 황송한 음식으로 등장한다. 살아남은 일을 부끄러워하면서, 그래도 또 살기 위해 그가 선택한 식사는 반찬이 따라붙는 백반도 아니다. 그냥 찬이 없는 국밥에 지나지 않는다. 시인이 시킨 국밥은 시래기국밥 같은 건 아니었을 것 같다. 살점이 몇 개 둥둥 뜬 순대국밥 쯤 되지 않았을까?

콩나물국밥이라면, 누구나 굳이 황송하게 여길 필요가 없는 국밥 가운데

하나다. 전주사람들은 유난히 콩나물을 사랑하는 백성이다. 그들은 콩나물을 맛있게 기를 줄 알고, 콩나물을 싸잡아서 단 하나로 보는 사람들도 아니다. 국을 끓이기 위한 콩나물, 콩나물잡채를 만들기 위한 콩나물, 무침을 하기 적당한 콩나물, 콩나물밥을 짓기에 좋은 콩나물, 찜 재료로 쓰는 콩나물, 서리태콩나물, 부채콩나물, 기름콩나물, 쥐눈이콩나물….

콩나물국밥은 그런 콩나물 사랑에서 비롯된 음식이다. 콩나물로 밥을 만들고 콩나물죽을 끓이기도 한다. 전주에서 패스트푸드를 고르지 않는 한 콩나물로부터 벗어나기는 힘들다.

전주콩나물국밥의 천하는 삼분三分돼 있다고 말한다. '현대옥'과 '삼백집', 그리고 둘 사이를 헤집고 야금야금 영토를 넓힌 '왱이집'이 세 맹주다. 물론 이밖에도 한일관이나 다래, 풍전, 두레박, 운암식당, 별미집, 영원식당 등등 수많은 국밥집들이 저마다 기치를 높이 걸고 독창적인 맛으로 단골들을 확보하고 있다.

삼백집은 밥과 콩나물, 그리고 달걀을 넣어 팔팔 끓이는 방식이다. 그리고 그 위에 김 가루와 총총 썬 파를 올려 먹는다. 손님상에 오른 뒤에도 뚝배기는 계속 끓고 있을 정도인데, 그 뜨거움에 비해서 맛은 의외로 개운하다. 전주사람들은 그걸 두고 시원하다고 표현한다. 옛적 박정희 전 대통

령 일행이 삼백집에 들렀을 때, 주인 할머니가 모르고 욕을 했던 모양이
다. 그 뒤로 욕쟁이 할머니라는 별칭을 얻었고, 전국 어느 음식점에나 욕
을 일삼는 할머니들이 늘어났다는 풍문이 있다. 다가동에 본점이 있고,
한옥마을에도 분점을 열었다.

왱이집과 현대옥은 거의 같은 방식으로 국밥을 만든다. 이른바 남부시장
식 국밥이다. 식은 밥을 뜨거운 국물에 몇 번이나 행구어내면서 국밥의
온도를 맞추는 식이다. 그러니 성질 급한 사람들도 바로 뜰 수 있다고 반
긴다. 수란이라고 부르는 반숙한 달걀과 김은 별도로 제공된다. 현대옥과
왱이집의 차이점은 국물에 있다. 왱이집은 콩나물을 많이 넣어 스물 네
시간 이상 끓여내는 비교적 맑은 콩나물 국물을 쓰고, 현대옥은 콩나물
을 살짝 끓이고 난 뒤 이런저런 양념을 넣어 진하게 다시 육수를 우려내
는 식이다. 그 이상의 비법에 대해 내가 뭘 더 알겠는가? 숱하게 국밥을
즐기면서 내 입이 그나마 체득한 내용이 그러할 뿐이다.

왱이집은 주인장 유대성 부부의 고향 이름을 빌려 상호로 삼았다. 벌들이 웽웽거리던 마을이었다고 한다. 현대옥은 남부시장 네 평반 규모에서 시작됐지만 오상현 사장이 가게를 인수한 뒤 비약적으로 발전해서 현재는 전국 방방곡곡에 분점을 두고 있다.

전쟁의 폐허는 음식을 창조하는 법이다. 국밥도 그러했을 것이다. 하지만 그 출생이야 어찌 됐든, 우리네 국밥은 이제 세계적인 음식이 됐다. 갸륵하고 기특한 일이다.

TRAVEL NOTE

전주콩나물국밥을 주문하면 수란이 별도로 나온다. 우선 반숙 계란인 수란에 콩나물국밥의 국물을 서너 숟가락 떠 넣고, 김을 찢어 넣어 함께 먹으면 맛있다. 국밥을 들기 전에 먼저 수란을 먹는 사람도 있고, 국밥을 다 먹은 후에 수란을 먹어도 상관은 없다. 콩나물국밥에 삶아 썬 오징어를 넣어먹기도 한다. 오징어 값은 별도로 계산해야 한다. 국밥과 함께 모주를 한 잔 마셔보는 것도 특별하다. 위에 소개한 국밥집 외에도 남부시장 안에는 명실상부 전주를 대표하는 콩나물국밥집들이 시장 곳곳에 숨어 있다. 운암식당(063-286-1021), 우정식당(063-282-3491) 등은 전주의 문학인들이 자주 찾는 곳이다. 피순대 골목 안쪽에 위치해 있다.
국밥 한 그릇 가격은 6,000원 선이고 모주 한 잔은 1,000원에서 1,500원 정도.

술과 음식은 저 꽃과 나비 사이 아니더냐?

| 이강주, 전주막걸리

음식이 발달한 고장에 술이 빠질 리 없음은 자명한 이치다. 음식은 술을 부르고 술은 음식을 찾으니, 이 둘 관계는 꽃과 나비 사이다.

조선에 3대 명주가 있다고 했다. 육당 최남선이 꼽은 술들이다. 평양의 감홍로甘紅露, 전주 이강주梨薑酒, 태인 죽력고竹瀝膏를 말한다. 북한을 제외하고 보면 이들 술을 생산하는 곳은 전주 인근 말고는 없는 셈이다. 전주 막걸리가 성가를 높이기 훨씬 이전부터 이곳의 술이 나라 안에서 얼마나 사랑받고 있었는지 짐작할 수 있다.

말이 나온 김에 벌써 입맛을 다지는 이들을 위해 한 깍쟁이만큼만 3대 명주를 맛보인다. 우선 감홍로는 한자 뜻 그대로, 맛이 달고 색이 붉은 이슬 같은 술이다. 술 색깔이 붉은 건 진도홍주처럼 지초芝草를 넣기 때문이라고 한다.

이강주는 배와 생강을 넣어 만든 술이다. 전주가 음식에서 흔히 그러하듯 두 재료에만 그치지 않고 계피, 울금, 벌꿀 등을 넣기도 하는데 노란빛으로 우러난 술은 여간 입맛을 자극하는 게 아니다. 과음을 하고 난 뒤에도 숙취가 없다고 이 술을 마신 이들은 놀라워한다. 전주 선비로 많은 이들의 존경을 받았던 작촌鵲村 조병희 가문에서 지켜오던 술이기도 했다. 작촌의 장남 조정형 사장이 5대째 이어져 왔던 가양주를 상품화했다.

죽력은 대나무에 열을 가해 추출한 기름 같은 걸 말한다. 그 죽력을 넣어 증류한 소주가 죽력고다. 생지황이나 생강 등을 조금 가미하기도 하는데 술 색깔은 거의 투명하다. 전봉준이 사로잡혀 모진 고문을 당해 만신창이가 됐을 때, 고을 주민들이 죽력고를 바쳐 석 잔을 마시게 하고 꼿꼿이 일어나 앉을 수 있게 만들었다는 전설적인 술이다. 매천 황현의 기록에 나타나는 이야기다. 정읍 태인의 송명섭이 죽력고 제조 기능보유자다.

자, 이제 막걸리 얘기다. 모든 길은 주막으로 통한다. 그 길들의 끝에 옛촌막걸리, 다정집, 홍도주막이 있다. 이들 세 주막은 전주의 각기 다른 안주로 유명하다. 우선 옛촌막걸리 안주는 전주사람들이 흔히 한정식이라고 표현한다. 돼지수육, 삼계탕, 족발, 산낙지, 홍합탕, 간장게장, 새우구이, 홍어 삼합, 생선구이 등이 줄줄이 제공되기 때문이다. 뉴욕타임즈에도 소개된 적이 있다. 당시 신문은 전주음식 전반에 대해 역설적으로 이렇게 찬탄했다.

전주에는 맛없는 음식도, 맛없는 식당도 없었다.

전주는 한식 식도락가들을 위한 천국이다,

그러니, 한국음식을 좋아하는 사람이라면 절대 전주에 가지 말라.

– 〈뉴욕타임즈 2013. 02. 20〉

효자동 홍도주막은 서울식으로 안주가 제공된다. 하도 남는 안주가 많아서 기본 서너 가지만 무료로 하고 필요하면 벽에 가득 걸린 메뉴를 보고 손님이 직접 신청하도록 한다. 오래 전 횟집을 운영했던 주인장 내외가 손보는 해물 요리가 별미로 그것들은 일류 횟집 요리에 결코 뒤지지 않는다. 전북작가회의 소속 문학인들이 단골이다.

삼천동의 다정집은 가장 전통적인 방식으로 안주를 제공한다. 막걸리를 시키면 시킬수록 비싼 안주가 계속 상에 오르고, 손님들이 좋아하는 안주들은 그것대로 또 보충이 된다. 손님이 남긴 음식을 재사용하는 일은 결코 없다. 특히 손님들이 선호하지 않는 안주들은 다음날부터 어김없이 자취를 감추는 바람에 좋은 안줏거리만 오늘날까지 그 집에 남았다.

당신을 만나야 갈 수 있는, 우리가 가지 못해서 울고 있는 주막이 있다.

TRAVEL NOTE

막걸리 한 주전자 시키면 상다리 휘어지게 기본안주가 나오는 막걸리집. 전주의 삼천동 막걸리 골목과 서신동 막걸리 골목에 가면 이런 막걸리집들이 많다. 하루 종일 전주 일대를 부지런히 쏘다니다가 배가 출출해지면 가자. 절대로 밥이나 간식을 먹고 가면 안 된다. 막걸리 주전자가 늘어날수록 점점 더 맛있는 안주들이 나오는데, 배가 불러서 더 이상 못 먹게 된다면 후회막심일 것이다. 미리 예약하고 가는 게 좋다. 옛촌막걸리본점(010-6747-5477), 홍도주막(063-224-3894), 다정집(010-5899-5116). 막걸리 첫 주전자 한 상 값은 2만원이며, 한 주전자를 추가할 때마다 1만 5천원이다. 대개는 네 주전자까지 마시면 어느 집이나 그 주막의 최고 안주가 다 나오게 된다. 그러니 셋이든 넷이든 다섯이든 주량에 따라 인원수를 미리 맞춰서 가면 된다. 부족한 안주는 리필이 되므로 안주 양은 걱정하지 않아도 된다.

아프지도 말고 가지도 말고 전주에서 무궁하기를

| 백일홍빵집, 일품향, 교동다원, 교동아트센터

찐빵과 만두전문점, 백일홍빵집을 모르는 전주사람은 없다. 있다면 다른 고을에서 전파全派한, 그러니까 전주에 파견한 간첩일 테니까 신고해도 좋다. 입맛이 까다롭기로 소문 자자한 전주사람들을 매료시킨 빵집이라면, 할 말 다한 셈이다.

아니, 할 말이 더 있다. 이 집에서는 제빵의 모든 과정을 하루하루 수작업으로 한다. 그래서 많은 양을 만들 수 없어서 당일 하루치 준비한 물량을 다 팔고나면 오후 두 시가 됐든 세 시가 됐든 어김없이 문을 닫는다. 반죽은 당연히 이스트를 쓰지 않고 자연발효를 시킨다. 만두에 들어가는 모든 재료, 찐빵 팥소의 팥도 국산이다.

백일홍의 역사는 70년이 넘었다고 한다. 전 사장 50년에 이어 새로 물려받은 새 사장만 해도 25년째 밀가루 반죽을 해오고 있다. 그런데 재미있는 사실은 그 명성에도 불구하고 전 사장은 자기 아들에게 빵집을 물려주지 않고 아들 친구에게 대를 잇게 했다고 한다. 그가 현재의 장선기 사장이다. 아들보다는, 아들 친구가 더 빵을 잘 만들었기 때문이라고 한다. 이른바 쓰레기 만두소로 촉발됐던 불량 만두 파동을 기억하시는가? 그때 오히려 매출이 더 늘었다는 전설적인 빵집이다. 전주시청 근처에 있다.

중국 식당 일품향—品香의 군만두는 말 그대로 일품인, 구운 만두의 정석이다. 대한민국 거의 모든 중국집에서 팔고 있는 군만두는 사실 군만두가 아니라 튀김만두다. 그러니 딱딱할 수밖에 없는 것이다. 하지만 일품향에서는 표현 그대로 구워낸다. 한쪽은 좀 바삭할 정도로 굽고 다른 한쪽은 조금 덜 구울 뿐이다. 그래서 군만두는 부드럽고 촉촉하면서도 향기로워진다. 튀김만두와는 완전히 다른 맛이다. 짜장면과 짬뽕만큼이나.

일품향은 1950년에 개업했으니 벌써 65년 역사를 자랑한다. 우리나라에 진출한 화교 식당 2세대로 볼 수 있는데, 전주에 몇 남아 있지 않은 정통 중국요리집이라고 할 수 있다. 군만두 열 개, 한 접시 6천원이면 두 시간 정도는 행복해질 수 있다.

교동다원은 녹차 황차 보이차 등을 마실 수 있는 전통 찻집이다. 오목대 아래, 은행로 골목에 있다. 좌우 사방에서는 고기 굽는 냄새가 진동하는

당신에게, 전주

데, 이 집 홀로 별유천지다. 한옥마을에 반한 경상도 사내가 아주 눌러앉은 곳이다. 귀한 손님이 전주에 들르게 되면 나는 항상 교동다원으로 향한다. 당신도 미리 기억해 두는 게 좋을 것 같다.

차에 대해서는 나는 사실 잘 알지 못한다. 하지만 주인 품성을 보면 차 맛은 분명 좋을 것이다. 내가 아는 건 그 집 자체, 그 집의 고즈넉함, 적당히 낡은 그 집의 편안함과 예스러움이다. 나란히 마주보는 두 채의 한옥 사이에 조성한 마당도, 안채 뒤편의 정원도 그렇게 예쁠 수가 없다. 소설가 황석영이 그 집 마루에서 한나절 내내 햇볕바라기를 하면서 나한테 했던 얘기라고는, 절묘하다 이런 집에서 살고 싶다 그 말의 다양한 변주 말고는 없었다.

교동아트센터는 한옥마을에서 유일한 미술전시관이다. 그 이름도 정겨운, 옛적 백양메리야쓰 공장 터를 그 댁 김완순 관장이 그대로 되살려 전시관으로 꾸몄다. 이곳에서는 사시사철 미술전이 끊이지 않고, 별채는 전도유망한 젊은 화가들을 위한 레지던스 공간으로 운영되고 있다. 경기전 동문 출입구 바로 앞 건물이다. 없어지지 말아야 할 장소 중 하나다.

아프지도 말고, 전주에서 사라지지도 말라고 기원하는 전주의 몇몇 가게 가운데 교동아트센터를 넣은 이유는 내가 김 관장을 잘 알기 때문이다.

막걸리 한 잔 나눠 마시다가 관장은 생활이 어렵고 곤궁한 지역 화가들 얘기를 느닷없이 꺼냈다. 그러더니 한참을 흐느껴 우는 것이었다. 하나를 알면 열을 아는 법, 내가 김 관장을 안다는 건 바로 그것뿐이다.

교동다원(063-282-7133)에 커피는 없다. 차만 판다. 황차, 오룡차, 보이차. 특히 황차는
교동다원에서 직접 개발한 차다. 주인장은 벌써 20여 년 전에 황차를 알리기 위해 교동다원을 지을
정도였다. 한옥마을에 왔다면 한번쯤은 커피 말고 꼭 차를 한 잔 마셔보자. 바깥세상의 소란스러움
에서 잠시 빗겨나 조용하고 느긋한 시간을 가질 수 있다. 따뜻한 차 한 잔 마시면 꼬이고 엉켰던
마음도 금세 스르륵 풀릴지 모른다. 볕 좋은 날 툇마루에 앉아 있으면 영혼까지 보송보송 맑아진다.
백일홍(063-286-3697)의 찐빵과 만두는 1인분 8개에 3,500원이다. 일품향(063-284-1901)
의 군만두는 호불호가 갈린다. 바삭바삭한 튀김만두를 좋아하는 사람에게는 실망스러울 수 있다.

그승, 이승,
그리고 저승에서도 당신, 잘 가라

잘 가라, 당신!

전부터 그래왔듯이 전주는 자생自生해 왔다. 스스로 애써 살아가면서 더
웅숭깊어지고, 더욱 훈훈한 고을이 돼간다. 우리는 그걸 믿는다. 믿으면서
나아가고, 나아가면서 믿으리라. 저들이 전주를 버릴수록 질긴 잡초처럼
생명력을 키울 것이다.

전생부터 전주는 그러했다. 전생? 이승, 저승이 있지만 전생에 해당하는
우리말은 없으니 누가 뭐라든지 우리끼리 '그승'이라고 해야겠다. 한국에
없는 그승이 전주에만 있다. 이제 그승과 저승 얘기다.

당신 가는 길은 전주 북방, 완주 용진 쪽을 추천하고 싶다. 전주와 완주를 가르는 경계, 만경강 지류인 소양천 초포草浦를 건너자마자 나타나는 그곳이 용진이다.

당신이 이미 전에 와봤던 곳이기도 하다. 개바우라는 마을….

그 개바우를 지나면 바로 고속도로를 탈 수 있으니 북쪽 서울이든 남쪽 부산이든 그 길로 다 통할 것이다.

초포다리를 건너면 바로 그곳에 로컬푸드 직매장이라는 곳이 있다. 무 배추 오이 애호박부터 떡이며 술 과자 식초 등 가공식품까지 신선한 것들만을 모아 판매한다. 새벽에 출하했다가 팔리지 않은 식재료들은 저녁에 다시 생산 농가로 되돌아간다. 그게 로컬푸드의 판매 전략이다. 전국 각 지역에 하나둘 들어서기 시작한 로컬푸드 직매장의 원조가 그곳이다.

아, 숨길 것도 없이 사실을 고백해야겠다. 그곳은 내 고향 바로 이웃 동네다. 그러니 내 부모와 내 형제와 내 이웃이 기른 싱싱한 식재료들을 당신이 사들고 간다면, 아아, 당신은 나와 똑같은 음식을 먹는 식구가 될 수도 있다. 서로 우리가 그승과 이승, 이승과 저승처럼 멀리 있어도 식구가 될 수 있는 길이 있다면 그 일뿐이다. 그래서 당신은 떠나가도, 당신과 나는 여전히 멀리 떨어져 있는 건 아닌 셈이다.

가라, 잘 가라. 당신!

…내 한때는

곳집 앞 도라지꽃으로

피었다 진 적이 있었는데,

그대는 번번이 먼 길을 빙 돌아다녀서

보여주지 못했습니다. 내 사랑!

쇠북소리 들리는 보은군 내속리면

어느 마을이었습니다.

— 윤제림 〈사랑을 놓치다〉 중에서

당신 뒷전에서 내가 다시 읊어드리는 시편이다. 우리는 용진 로컬푸드 직
매장을 거쳐 횡적으로만 연결되고 끝나는 존재들이 아니다. 우리는 저 먼
그승에서도 매번 함께 해왔다. 옷깃만 스쳐도 이미 오백년 인연으로 이루

어지는 일이라 했으니, 두 손을 맞잡고 또 서로 입맞춤한 일들을 다 합하면 도대체 우리가 그승에 몇 겁의 세월을 함께 해 왔을까?

뒤집어 생각해 보면 그렇다. 우리는 매번 함께 해 왔지만 매번 헤어졌다. 그승에서 우리가 얼마나 이별을 거듭해 왔을지 짐작하고도 남는다. 그게 수천, 수만, 수억 번 반복되던 일이 분명하다. 이승의 이별은 새삼스러울 것도 없을 지경이리라. 하지만 우리 사랑은 이번 이승에서만큼은 거의 다 완성될 뻔 했다. 그래서 우리가 다음 생의 저 별로 옮기는 날에는 아마도 사정이 달라질 것이라고 믿는다. 죽어도 당신, 이라고 내가 말하는 이유는 그 때문이다.

당신과 함께 했던 날들을 제외하면 이승에서 나는 늘 고적했다. 그래도 괜찮다. 우리에게는 그승에 이어 저승까지 예비되어 있기 때문이다.

그러니, 가라. 가더라도 잘 가라.

당신에게,
전주

2015년 6월 10일 초판 1쇄 펴냄

글 이병천 · **사진** 안봉주
디자인 윤지영
발행인 김산환
편집인 조동호
편 집 윤소영
영업 마케팅 신경국
펴낸곳 꿈의지도
인 쇄 두성 P&L
종 이 월드페이퍼

주소 경기도 파주시 광인사길 68 성지문화빌딩 401호
전화 070-7535-9416
팩스 031-955-1530
홈페이지 www.dreammap.co.kr
출판등록 2009년 10월 12일 제82호

ISBN 978-89-97089-70-3-13980